기계 진동 제어를 위한

입력성형기법

INPUT SHAPING METHOD

for mechanical vibration control

홍성욱 지음

기계 진동 제어를 위한

입력성형기법

펴낸날 2014년 7월 10일 초판 1쇄

지은이 홍성욱

펴낸이 오성준

펴낸곳 카오스북

출판등록 제 406-2012-000111호

전화 031-949-2765

팩스 031-949-2766

홈페이지 www.chaosbook.co.kr

편집 디자인 콤마

정가 20,000원

ISBN 978-89-98338-50-3 93550

머리말
P/R/E/F/A/C/E

“기계장비의 진동 제어를 다루는 엔지니어의 필독서”

입력성형기법이란 기계장비의 자체적인 운동에 의해 기계장비 및 그 주변에 발생하는 잔류진동을 운동 입력의 적절한 조절을 통해 스스로 상쇄시킴으로서 억제하는 방법을 말한다. 이 책은 대부분의 기계장비에서 문제를 일으키고 있는 잔류진동 문제에 대한 유용한 대책 중 하나인 입력성형기법을 소개하였다.

이 책은 진동관련 문제를 취급하는 엔지니어나 기계공학을 전공하는 학부 고학년생 및 대학원생을 위한 참고서적으로 개발되었다. 그러나 기계공학 분야를 주전공으로 하지 않더라도 공학에 관한 기초지식이 있는 독자라면 이 책에 관한 전반적인 이해가 가능하도록 초보적인 이론도 포함하여 구성하였다. 특히 책의 전반부와 부록을 통해 진동 시스템 모델링 및 해석에 관한 초보적인 이론과 수학적 기반을 소개하였다. 그리고 기술된 진동 기초 이론을 이용하여 입력성형기법의 원리를 설명하였으며, 그 내용을 기반으로 하여 입력성형기의 도입 과정과 설계방법을 소개하였으므로 별도의 참고서적 없이 입력성형기법의 기본개념을 이해할 수 있을 것으로 기대한다.

책의 중반부에는 입력성형기법을 적용하는 과정에서 필요한 추가적인 이론을 설명하였으며 더불어 입력성형기법과 보완적으로 활용이 가능한 입력생성기법을 소개하였다. 책의 후반부에는 실제 응용에 관련된 다양한 문제를 취급하였다. 여기에 포함된 MATLAB®을 이용한 시뮬레이션 방법과 상용운동제어기에서의 입력성형기법 적용 프로그래밍 방법 등은 실제 문제에서 입력성형기를 설계하고 적용하는 데 직접 활용될 것으로 기대된다. 책의 마지막 몇 개의 장에는 입력성형기법이 적용된 여러 사례를 소개함으로서 엔지니어들의 적용 가능성 검토에 참고토록 하였다.

기계장비에서 잔류진동을 억제하는 것은 장비의 생산성이나 정밀도를 향상시키는 매우 중요한 문제이다. 이 책이 반도체 및 LCD/LED 생산장비, 생산자동화 장비, 기계/전자부품 생산장비를 비롯한 수많은 기계장비를 개발하거나 운영하는 데 있어, 장비의 잔류진동을 억제하고자 고군분투하는 엔지니어들에게 도움이 될 것을 기대한다.

2014년 7월

저자

목차

C/O/N/T/E/N/T/S

Chapter 01 | 개 요 ······ 1

Chapter 02 | 라플라스 변환 (Laplace Transform) ······ 5

2.1 개요 ······ 7
2.2 복소변수(Complex variable), 복소함수(Complex function) ·· 7
2.3 라플라스 변환의 정의 ······ 9
2.4 라플라스 변환의 주요 정리 ······ 11
2.5 라플라스 역변환(Inverse Laplace Transform) ······ 15
2.6 선형 시불변 미분방정식 해법 ······ 17
2.7 컨볼루션 적분(Convolution Integral) ······ 19

Chapter 03 | 진동계의 모델링 및 해법 ······ 21

3.1 1 자유도 진동계 (Single degree-of-freedom vibration system) ······ 23
3.2 1 자유도 진동계 운동방정식의 유도 ······ 24
3.3 운동방정식의 해법 ······ 26
3.4 상태방정식(State equation)을 이용한 선형미분방정식의 해법 ······ 30
3.5 라플라스 변환에 의한 해법 ······ 31

Chapter 04 | 입력명령에 의한 진동계의 운동 ······ 35

4.1 입력명령에 의한 진동계의 운동 모델링 및 해석 ······ 37
4.2 수정된 계단입력에 대한 응답 ······ 39
4.3 입력성형기(Input shaper)의 도입 ······ 43

Chapter 05 I 입력성형기법의 기본 개념 ···· 47

5.1 개요 ···· 49
5.2 입력성형기의 정의 ···· 49
5.3 기본적인 입력성형기 설계 방법 ···· 51

Chapter 06 I 입력성형기의 설계 및 오차 민감도 ···· 57

6.1 개요 ···· 59
6.2 일반적인 입력성형기 설계방법 ···· 59
6.3 단일 모드 시스템의 입력성형기 설계 ···· 61
6.4 단일 모드 시스템에서의 강건한 입력성형기 설계 ···· 64

Chapter 07 I 다모드 입력성형 기법 ···· 69

7.1 개요 ···· 71
7.2 합성 ZV 다모드 입력성형기법 ···· 72
7.3 최소 임펄스를 갖는 다모드 입력성형기법 ···· 73
7.4 2개의 모드를 고려한 입력성형기 ···· 74
7.5 실험 및 결과 검토 ···· 78

Chapter 08 I 특수한 입력성형기 ···· 81

8.1 개요 ···· 83
8.2 UM(Unity magnitude) 입력성형기 ···· 83
8.3 EI(Extra-insensitive) 성형기 ···· 85

Chapter 09 I 가상모드 입력성형 기법 ···· 87

9.1 개요 ···· 89
9.2 가상모드를 이용한 입력성형기 설계 개념 ···· 89
9.3 비감쇠 입력성형기 설계 및 특성 검토 ···· 91
9.4 감쇠계의 입력성형기 설계 및 특성 검토 ···· 100
9.5 토의 ···· 104
9.6 실험장치 ···· 105

9.7 가상모드 입력성형기 설정 ······ 106
9.8 실험 및 결과 토의 ······ 108

Chapter 10 | 가감속 제어에 의한 잔류진동 억제 ······ 111

10.1 개요 ······ 113
10.2 이송명령에 의한 진동계의 운동 ······ 114
10.3 가감속 설정에 의한 잔류진동 억제 ······ 115
10.4 다모드 시스템 진동저감에의 적용 ······ 122
10.5 실험 및 토의 ······ 125
10.6 요약 ······ 127

Chapter 11 | MATLAB을 이용한 입력성형 시뮬레이션 ······ 131

11.1 개요 ······ 133
11.2 응답 시뮬레이션 ······ 133
11.3 입력성형 적용을 위한 함수 ······ 142

Chapter 12 | 모션제어보드 프로그래밍 방법 ······ 149

12.1 개요 ······ 151
12.2 PMAC 모션제어기 ······ 151
12.3 PMAC 모션제어 프로그램 ······ 152
12.4 Linear Mode 구동 ······ 153
12.5 입력성형기법 적용 ······ 159

Chapter 13 | 위치결정장치 잔류진동 억제 ······ 165

13.1 개요 ······ 167
13.2 정밀스테이지의 위치제어 입력성형 ······ 167
13.3 정밀스테이지 위치제어 입력성형 기법 개선 ······ 170

Chapter 14 | 액체 슬로싱 억제를 위한 입력성형 ··· 173

14.1 슬로싱의 특성 ··· 175
14.2 슬로싱의 모델링 ··· 178
14.3 입력성형을 이용한 슬로싱 억제 시뮬레이션 ··· 182
14.4 입력성형을 이용한 슬로싱 억제 실험 ··· 189

Chapter 15 | 여러 가지 시스템에서의 입력성형 응용 ··· 193

15.1 이송 스테이지 베이스 진동 억제 ··· 195
15.2 히스테리시스가 있는 시스템 ··· 207
15.3 시변특성이 있는 시스템 ··· 212

부록 01 | MATLAB 기초 ··· 223

부록 02 | 전달함수 ··· 235

참고문헌 ··· 257
찾아보기 ··· 263
저자 후기 ··· 268

CHAPTER

01

개 요

자동차 산업이나 LCD 산업을 포함한 많은 제조업 분야에서 정밀이송계가 다양하게 활용되고 있다. 최근의 제조장비들은 고속화와 대형화가 동시에 이루어지는 추세로 기계구조의 강도가 상대적으로 취약해졌었으며, 이송계에 의한 진동 문제가 자주 발생하고 있다. 일반적으로 이송계가 고속으로 운영되면 급격한 가감속이 수반되므로 과도상태에서의 진동과 목표지점에서의 잔류진동이 유발된다. 이런 이유로 이송계를 원하는 경로로 이송하거나, 이송 중에 방해물을 피하기가 어려워지게 된다. 또한 최종 목표지점에 도달해서는 위치 안정화 시간을 필요로 하게 되어 장비의 생산성이나 효율을 나쁘게 한다.

대표적인 예로 산업 전반에 널리 사용되는 크레인을 들 수 있다. 크레인의 경우 이송물(Payload)의 이송 중 가감속에 의해 크게 흔들리거나 목표지점에서의 잔류진동이 많이 발생하게 되며, 이로 인해 작업 시간이 늘어나는 것은 물론 안전문제가 발생하기도 한다. 정밀이송계가 많이 사용되는 LCD 장비에서도 장비의 대형화에 따라 진동에 취약해지고 이송에 의한 잔류진동이 크게 발생하고 있다. 정밀한 이송이 요구되는 3차원 측정기(Coordinate measuring machine)의 경우에도 목표지점에서의 잔류진동이 측정 정밀도와 측정 시간에 영향을 끼치게 된다. 이 밖에도 이 책의 후반부에 소개하는 바와 같이 정밀이송계를 포함하는 많은 장비들이 잔류진동에 노출되어 그 성능이 떨어지는 상황이 자주 발생하게 되며 이에 대한 대책이 요구된다.

이 책에서는 이와 같은 이송계의 잔류진동 문제에 대한 유용한 대책으로 입력성형기법을 소개하였다. 입력성형기법이란, 자체적인 운동에 의해 발생되는 과도진동을 입력의 적절한 조절로 스스로 상쇄시켜 억제하는 방법을 말한다. 입력성형기법은 1950년 후반, Smith에 의해 최초로 소개되었으나 널리 확산되지 못하다가 1980년대 후반에 이르러 미국 M.I.T.의 Seering 교수팀에 의해 실용성이 향상된 방법이 소개되면서 크게 확산되었다. 입력이 자체적으로 발생시킨 진동을 상쇄시킬 수 있도록 입력성형(Input shaping) 역할을 담당하는 부분을 입력성형기(Input shaper)라 하며 일정한 크기와 시간간격을 갖는 임펄스 열(Impulse sequence)로 구성된다. 입력성형기는 대상 시스템과 제어 목표성능 등을 고려하여 다양하게 결정할 수 있다.

이 책에서는 입력성형기법의 적용에 있어 기본 개념이 될 수 있는 입력성형기법의 원리 및 설계방법, 그리고 그 응용방법 및 예를 소개하도록 한다. 입력성형은 그 대상이 이송속도뿐만 아니라 변위나 가속도 등 입력이 될 수 있는 모든 명령에 대해 적용 가능하다. 이 책에서는 입력성형기법을 이용하여 이송에 의해 잔류진동을 발생시키는 여러 가지 형태의 입력에 대해 입력성형기법을 적용하는 사례를 소개함으로써 모든 형태의 이송계에 적용 가능함을 보이고 있다.

이 책은 기계공학 분야를 전공하는 학부 고학년 및 대학원 과정의 교재로서 개발되었다. 그러나 기계공학 분야를 주전공으로 하지 않는 독자라 하더라도 전반적인 이해가 가능하도록 책 전반부에는 관련 내용에 관한 학부 저학년 과정의 기초적인 내용을 포함하였다. 이 책은 크게 3부분으로 나누어 볼 수 있는데, 먼저 전반부에는 입력성형기법에 대한 이해를 도울 수 있도록 2장과 3장에 기초수학인 라플라스 변환과 진동계의 모델링 및 해법을 설명하였으며 4~6장에서는 입력성형기법을 처음 접하는 독자를 위해 단순한 예를 통해 그 기본개념 및 특성에 대해 설명하였다. 기초수학 및 진동계 모델링 부분에 대한 기초지식이 있는 독자는 2, 3장을 생략하여도 무방하다.

책의 중반부는 입력성형기법의 심화이론으로서 7장에서는 특정기능을 갖는 입력성형기를 소개하였으며, 8장에서는 여러 개의 진동 모드를 고려한 다모드 입력성형기 이론을 소개하였다. 9장에서는 응답 시간을 단축하기 위한 방법인 가상모드 입력성형기 이론 및 실험적 적용 방법을 다루었다. 심화이론의 마지막 부분인 10장에서는 입력의 가감속을 변경하여 진동을 억제하는 방법을 소개하여 입력성형기법과 같이 활용할 수 있도록 하였다.

책 후반부인 11장부터는 입력성형기법의 응용을 취급하였다. 먼저 11장에서는 입력성형 적용 시 MATLAB®을 이용하여 시뮬레이션을 수행하기 위한 방법 및 예제를 소개하였고, 12장에서는 상용운동제어기에서 입력성형기법을 적용하는 방법을 소개하였다. 13장에서는 실제 적용 사례로서 정밀이송계에 입력성형기법을 적용하는 과정 및 그 결과를 제시하였으며, 14장에는 액체 슬로싱의 억제에 입력성형기법을 적용한 사례를, 그리고 마지막 15장에는 여러 가지 시스템에 입력성형기법을 적용한 사례를 소개하였다. 부록에는 책의 이해에 도움을 줄 수 있도록 MATLAB®에 대한 기초 사용법과 전달함수의 개념에 대한 요약을 수록하고 있다.

CHAPTER

02

라플라스 변환

(Laplace Transform)

2.1 개요

라플라스 변환에 의한 미분방정식의 해법은 상계수를 갖는 선형미분방정식을 푸는 데 있어 매우 유용하게 활용된다. 그 주된 이유는 라플라스 변환을 통해 선형미분방정식을 대수방정식으로 변환하여 간편하게 풀 수 있기 때문이다. 또한 라플라스 변환을 이용하면 미분방정식의 제차해(Homogeneous solution)와 특수해(Particular solution)를 동시에 처리할 수 있다. 라플라스 변환은 선형 상미분방정식을 주로 취급해야 하는 자동제어분야나 진동분야 등에서 특히 많이 이용되고 있다. 시스템을 다루는 경우 전달함수 개념이 널리 사용되고 있는데, 전달함수의 정의가 라플라스 변환을 기초로 하고 있다는 점도 그 중요성을 배가시키고 있다.

입력성형기법은 기본적으로 선형시스템을 다루게 되며, 입출력에 관련하여 전달함수를 이용하는 것이 개념 전달에 유용하므로 라플라스 변환이 이론의 전개나 개념 설명에 널리 활용되고 있다. 여기서는 입력성형에 관한 기본 이론을 쉽게 이해할 수 있도록 라플라스 변환에 관한 수학적 기초를 취급하도록 한다. 라플라스 변환에서는 복소수와 복소함수를 다루게 되므로 먼저 간단히 복소수에 대해 살펴보도록 한다.

2.2 복소변수(Complex variable), 복소함수(Complex function)

라플라스 변환은 일반 실변수(Real variable)인 함수를 복소함수로 변환하게 된다. 따라서 복소변수 및 복소함수에 관한 기초적인 이해가 선행될 필요가 있다. 여기서는 복소수 및 복소함수에 관한 일반적인 내용에 대해 서술하였다.

복소수는 일반적으로 다음과 같이 정의된다.

$$z = x + jy \tag{2.1}$$

여기서 $j=\sqrt{-1}$ 로 정의되며 단위순허수(Unit imaginary number)라고 한다. 식(2.1)은 다음과 같은 극좌표 형태로 표현되기도 한다.

$$z = re^{j\theta} \tag{2.2}$$

여기서

$$r = |z| = \sqrt{x^2+y^2}, \quad \theta = \tan^{-1}\frac{y}{x}$$

공액 복소수(Conjugate)는 다음과 같이 정의된다.

$$\bar{z} = x - jy = re^{-j\theta} \tag{2.3}$$

오일러정리(Euler theorem)에 의해 극좌표 형식에서 표현된 복소수의 지수함수는 다음과 같이 다시 쓸 수 있다.

$$e^{j\theta} = \cos\theta + jsin\theta \tag{2.4}$$

또는

$$\cos\theta = \frac{1}{2}(e^{j\theta}+e^{-j\theta}),\ \sin\theta = \frac{1}{2j}(e^{j\theta}-e^{-j\theta}) \tag{2.5}$$

다음과 같이 두 개의 복소변수가 주어진다고 가정한다.

$$z = x + jy = |z|e^{j\theta},\ w = u + jv = |w|e^{j\theta} \tag{2.6}$$

이 두 변수를 이용하여 복소수에 관한 4가지 기본연산, 즉 덧셈, 뺄셈, 곱셈, 나눗셈 연산을 아래와 같이 정의할 수 있다.

① 덧셈: $z + w = (x+u) + j(y+v)$ (2.7)

② 뺄셈: $z - w = (x-u) + j(y-v)$ (2.8)

③ 곱셈: $zw = xu - yv + j(xv+yu) = |z||w|e^{j(\theta+\psi)}$ (2.9)

④ 나눗셈: $\frac{z}{w} = \frac{|z|}{|w|}e^{j(\theta-\psi)}$ (2.10)

한편, 아래의 식이 실용적으로 많이 사용된다.

$$|z|^2 = z\bar{z}, \quad z^n = r^n e^{jn\theta} \tag{2.11}$$

임의의 복소수를 j로 곱하면 주어진 복소수를 복소평면상에서 90도 회전시키는 효과가 있게 된다. 즉,

$$j = e^{j90^o} \Rightarrow j \times z = e^{j90^o} re^{j\theta} = re^{j(\theta + 90^o)} \tag{2.12}$$

가 성립하게 된다.

복소변수란 복소수의 실수부, 허수부가 변수일 때를 말하고 복소함수란 복소수를 변수로 갖는 함수를 의미하며 일반적으로 다음과 같이 쓸 수 있다.

$$z = F(s) = f_x + jf_y, \quad s, z = complex \tag{2.13}$$

2.3 라플라스 변환의 정의

정의 1

함수 $f(t)$에 대한 라플라스 변환은 다음과 같이 정의된다.

$$L\{f(t)\} = F(s) = \int_0^\infty e^{-st} f(t)dt \tag{2.14}$$

여기서 L은 라플라스 계산자(operator)이고 s는 라플라스 변수로서 복소수이다.

라플라스 변환은 다음의 조건을 만족시키는 σ가 존재하는 경우 가능하다.

$$\int_0^\infty |e^{-\sigma t} f(t)| dt < \infty \quad \text{단, } \sigma\text{는 실수} \tag{2.15}$$

■ [예제 2.1]

다음 함수의 라플라스 변환을 구하라.

$$f(t)=u_0(t)=1(t)=\begin{cases}1 & t\geq 0\\ 0 & t<0\end{cases}$$

[해법]

라플라스 변환의 정의로부터

$$\begin{aligned}L\{f(t)\}=F(s)&=\int_0^\infty e^{-st}u_0(t)dt=\int_0^\infty e^{-st}dt\\ &=-\frac{1}{s}e^{-st}|_0^\infty\\ &=-\frac{1}{s}e^{-s\infty}+\frac{1}{s}\end{aligned}$$

적분 결과가 유한한 값을 갖기 위해서는 첫 번째 항이 없어져야 하므로 Re(s)>0 이어야 한다. 따라서

$$L\{f(t)\}=\frac{1}{s} \qquad \text{단, } Re(s)>0$$

■ 예제 2.2

다음 함수의 라플라스 변환을 구하라.

$$f(t)=\begin{cases}e^{at} & t\geq 0\\ 0 & t<0\end{cases}$$

[해법]

라플라스 변환의 정의로부터

$$\begin{aligned}L\{f(t)\}=F(s)&=\int_0^\infty e^{-st}e^{at}dt\\ &=\frac{1}{a-s}e^{(a-s)t}|_0^\infty\\ &=\frac{1}{a-s}e^{(a-s)\infty}+\frac{1}{s-a}\end{aligned}$$

적분 결과가 유한하기 위해서는 $Re(s-a)>0$의 조건을 만족해야 한다. 이런 조건이 만족되면 다음과 같은 라플라스 변환 결과를 얻을 수 있다.

$$L\{f(t)\} = F(s) = \frac{1}{s-a} \qquad \text{단, } Re(s-a) > 0$$

2.4 라플라스 변환의 주요 정리

라플라스 변환은 식(2.14)와 같이 주어진 변환식에 대상함수를 적용하여 수행할 수 있다. 그러나 대부분의 함수에서 식(2.14)를 직접 적용하는 것은 매우 어렵거나 불필요하게 복잡해질 가능성이 있다. 실제 라플라스 변환은 라플라스 변환이 갖는 몇 가지 유용한 정리를 이용하여 손쉽게 수행할 수 있다. 여기서는 라플라스 변환의 몇 가지 유용한 정리 및 이에 대한 응용에 대해 정리하였다.

정리 1

선형성

$$L\{af_1(t) + bf_2(t)\} = aL\{f_1(t)\} + bL\{f_2(t)\} \tag{2.16}$$

■ **예제 2.3**

$\cosh at$의 라플라스 변환을 구하라.

[해법]

$$\begin{aligned} L(\cosh at) &= L\left\{\frac{e^{at} + e^{-at}}{2}\right\} \\ &= \frac{1}{2}L\{e^{at}\} + \frac{1}{2}L\{e^{-at}\} \\ &= \frac{1}{2}\left(\frac{1}{s-a} + \frac{1}{s+a}\right) \\ &= \frac{s}{s^2 - a^2} \end{aligned}$$

정리 2

도함수의 라플라스 변환

$$L\{\dot{f}(t)\} = sL\{f(t)\} - f(0) \tag{2.17}$$

도함수에 대한 라플라스 변환은 다음과 같이 유도된다.

$$\begin{aligned} L\{\dot{f}(t)\} &= \int_0^{\infty} e^{-st}\dot{f}(t)dt = [e^{-st}f(t)]_0^{\infty} + s\int_0^{\infty} e^{-st}f(t)dt \\ &= -f(0) + sL\{f(t)\} \end{aligned}$$

[참조 1] 2계 도함수와의 관계

$$\begin{aligned} L\{\ddot{f}(t)\} &= sL\{\dot{f}(t)\} - \dot{f}(0) = s[sL\{f(t)\} - f(0)] - \dot{f}(0) \\ &= s^2L\{f(t)\} - sf(0) - \dot{f}(0) \end{aligned} \tag{2.18}$$

[참조 2] 적분의 변환

$$L\left\{\int_0^t f(\tau)d\tau\right\} = \frac{1}{s}L\{f(t)\} \tag{2.19}$$

■ **예제 2.4**

함수 $f(t)$의 라플라스 변환이 다음과 같을 때 $f(t)$를 구하라.

$$L\{f(t)\} = \frac{1}{s(s^2+\omega^2)}$$

[해법]

$$L^{-1}\left\{\frac{1}{s^2+\omega^2}\right\} = \frac{1}{\omega}sin\omega t$$

$$L^{-1}\left\{\frac{1}{s(s^2+\omega^2)}\right\} = \frac{1}{\omega}\int_0^t \sin\omega\tau d\tau = \frac{1}{\omega}(1-\cos\omega t)$$

정리 3

s축 이동

$$L\{f(t)\} = F(s) \rightarrow L\{e^{at} f(t)\} = F(s-a) \tag{2.20}$$

■ **예제 2.5**

다음 함수의 라플라스 변환을 구하라.

$$f(t) = e^{at} t^n$$

[해법]

$$L\{t^n\} = \frac{n!}{s^{n+1}}$$

$$L\{e^{at} t^n\} = \frac{n!}{(s-a)^{n+1}}$$

정리 4

t축 이동

$$L\{f(t)\} = F(s) \rightarrow e^{-st} F(s) = L\{f(t-a) u_a(t)\} \tag{2.21}$$

■ **예제 2.6**

계단함수 $u_a(t)$의 라플라스 변환을 구하라.

[해법]

$$L\{u_0(t)\} = \frac{1}{s}$$

$$L\{u_a(t)\} = \frac{e^{-as}}{s}$$

정리 5

변환의 미분

$$F(s) = -\int_0^{\infty} e^{-st}[tf(t)]dt = -L\{tf(t)\} \tag{2.22}$$

■ **예제 2.7**

다음 함수의 라플라스 변환을 구하라.

$$f(t) = \frac{t}{2\beta} sin\beta t$$

[해법]

$$L\{\sin\beta t\} = \frac{\beta}{s^2+\beta^2} = F(s)$$

$$L\{tsin\beta t\} = -\frac{d}{ds}F(s) = \frac{2\beta s}{(s^2+\beta^2)^2}$$

$$L\left\{\frac{t}{2\beta} sin\beta t\right\} \equiv \frac{s}{(s^2+\beta^2)^2}$$

정리 6

변환의 적분

$$L\left\{\frac{f(t)}{t}\right\} = \int_s^{\infty} F(s)ds \tag{2.23}$$

정리 7

최종값 정리

$$\lim_{t\to\infty} f(t) = \lim_{s\to 0} sF(s) \tag{2.24}$$

■ 예제 2.8

다음과 같은 라플라스 변환함수를 갖는 함수 $f(t)$의 최종값을 구하라.

$$F(s) = \frac{10}{s(s+1)}$$

[해법]

$$\lim_{t\to\infty} f(t) = \lim_{s\to 0} sF(s) = \lim_{s\to 0}\frac{10}{(s+1)} = 10$$

정리 8

초기값 정리

$$\lim_{t\to 0} f(t) = \lim_{s\to\infty} sF(s) \tag{2.25}$$

2.5 라플라스 역변환(Inverse Laplace Transform)

라플라스 변환 결과를 역변환하는 방법은 역변환 정의에 의해 실행할 수 있으나 보다 간편한 방법으로 부분분수 전개에 의한 역변환을 이용한다. 먼저 다음과 같이 주어진 라플라스 변환함수를 부분함수로 분리할 수 있다고 하자.

$$F(s) = \frac{B(s)}{A(s)} = F_1(s) + F_2(s) + \ldots + F_n(s) \tag{2.26}$$

라플라스 변환은 선형변환이므로 식(2.26)과 같이 얻어진 부분분수함수를 개별적으로 라플라스 역변환함으로서 다음과 같이 전체 라플라스 변환함수에 대한 역변환을 구할 수 있다.

$$\begin{aligned} L^{-1}\{F(s)\} &= L^{-1}\{F_1(s)\} + L^{-1}\{F_2(s)\} + \ldots + L^{-1}\{F_n(s)\} \\ &= f_1(t) + f_2(t) + \ldots + f_n(t) \end{aligned} \tag{2.27}$$

이 책에서 다루는 선형시스템은 다음 식에 나타낸 것과 같이 분자와 분모가 모두 s에 대한

다항식으로 표현되며, 항상 부분분수식으로 표현할 수 있다.

$$F(s)=\frac{B(s)}{A(s)}=\frac{K(s+z_1)(s+z_2)\dots(s+z_n)}{(s+p_1)(s+p_2)\dots(s+p_n)} \tag{2.28}$$
$$=\frac{a_1}{s+p_1}+\frac{a_2}{s+p_2}+\dots+\frac{a_n}{s+p_n}$$

여기서

$$a_k=(s+p_k)\frac{B(s)}{A(s)}\bigg|_{s=-p_k} \tag{2.29}$$

따라서

$$f(t)=a_1e^{-p_1t}+a_2e^{-p_2t}+\dots+a_ne^{-p_nt} \tag{2.30}$$

■ **예제 2.9**

다음과 같은 라플라스 변환함수를 역변환하시오.

$$F(s)=\frac{s+3}{(s+1)(s+2)}=\frac{a_1}{s+1}+\frac{a_2}{s+2} \tag{2.31}$$

[해법]

$$a_1=\frac{(s+3)}{(s+2)}\bigg|_{s=-1}=2,\ a_2=\frac{(s+3)}{(s+2)}\bigg|_{s=-2}=-1 \tag{2.32}$$

따라서,

$$f(t)=2e^{-t}-e^{-2t} \tag{2.33}$$

예제 2.9에서는 분모가 실근을 가지는 경우로서 앞서 기술한 식을 적용하는 데 어려움이 없으나 분모가 복소수를 근으로 가질 경우에는 2차식으로 인수분해한 후 완전제곱꼴로 부분분수 전개를 하는 것이 계산을 간편하게 한다는 점에 유의할 필요가 있다. 이 경우에도 식 (2.28)과 유사한 과정을 통해 부분분수 전개가 가능하다. 중근이 있는 경우에는 미분을 하여도 해가 된다는 점에 착안하여 관련식을 유도할 수 있다.

2.6 선형 시불변 미분방정식 해법

라플라스 변환을 이용하면 선형 시불변 미분방정식을 손쉽게 풀 수 있다. 여기서는 선형 미분방정식을 풀이하는 과정에 라플라스 변환을 적용하는 방법에 대해 예제를 통해 설명하였다.

■ **예제 2.10**

다음의 미분방정식을 풀어라.

$$\ddot{x}+3\dot{x}+2x=0,\ x(0)=a,\ \dot{x}(0)=b \tag{2.34}$$

[해법]

1 단계: 종속변수의 라플라스 변환관계

$$\begin{aligned} L\{x\} &= X(s) \\ L\{\dot{x}\} &= sX(s)-x(0) \\ L\{\ddot{x}\} &= s^2X(s)-sx(0)-\dot{x}(0) \end{aligned} \tag{2.36}$$

2 단계: 미분방정식의 라플라스 변환

$$\begin{aligned} L\{\ddot{x}+3\dot{x}+2x\} &= L\{\ddot{x}\}+3L\{\dot{x}\}+2L\{x\} \\ &= s^2X(s)-sx(0)-\dot{x}(0)+3(sX(s)-x(0))+2X(s)=0 \end{aligned} \tag{2.37}$$

3 단계: $X(s)$에 대해 정리

$$X(s)=\frac{as+b+3a}{s^2+3s+2}=\frac{as+b+3a}{(s+1)(s+2)}=\frac{2a+b}{s+1}-\frac{a+b}{s+2} \tag{2.38}$$

4 단계: $X(s)$를 라플라스 역변환

$$x(t)=L^{-1}\{X(s)\}=(2a+b)e^{-t}-(a+b)e^{-2t} \tag{2.39}$$

■ **예제 2.11**

다음의 미분방정식을 풀어라. 이 문제는 분모가 복소근을 갖는 경우이다.

$$\ddot{x}+2\zeta\omega_n\dot{x}+\omega_n^2x=0,\ x(0)=a,\ \dot{x}(0)=b\,,\ \text{단}\ 0\le\zeta<1 \tag{2.40}$$

[해법]

1 단계: 종속변수의 라플라스 변환관계

$$L\{x\} = X(s)$$

$$L\{\dot{x}\} = sX(s) - x(0) = sX(s) - a \tag{2.41}$$

$$L\{\ddot{x}\} = s^2X(s) - sx(0) - \dot{x}(0) = s^2X(s) - as - b$$

2 단계: 미분방정식의 라플라스 변환

$$L\{\ddot{x} + 2\zeta\omega_n\dot{x} + \omega_n^2x\} = L\{\ddot{x}\} + 2\zeta\omega_nL\{\dot{x}\} + \omega_n^2L\{x\} \tag{2.42}$$
$$= s^2X(s) - as - b + 2\zeta\omega_n(sX(s) - a) + \omega_n^2X(s) = 0$$

3 단계: $X(s)$에 대해 정리

$$X(s) = \frac{as + b + 2\zeta\omega_n a}{s^2 + 2\zeta\omega_n s + \omega_n^2} = \frac{as + b + 2\zeta\omega_n a}{(s + \zeta\omega_n)^2 + \omega_d^2} \tag{2.43}$$
$$= \frac{a(s + \zeta\omega_n)}{(s + \zeta\omega_n)^2 + \omega_d^2} + \frac{b + \zeta\omega_n a}{(s + \zeta\omega_n)^2 + \omega_d^2}, \ \omega_d = \omega_n\sqrt{1 - \zeta^2}$$

4 단계: $X(s)$를 라플라스 역변환

$$x(t) = L^{-1}\{X(s)\} = e^{-\zeta\omega_n t}\left(acos\omega_d t + \frac{b + \zeta\omega_n a}{\omega_d} sin\omega_d t\right) \tag{2.44}$$

■ **예제 2.12**

다음의 미분방정식을 풀어라.

$$\ddot{y} + 4\dot{y} + 3y = 0, y(0) = 3, \dot{y}(0) = 1 \tag{2.45}$$

[정답]

$$y(t) = -2e^{-3t} + 5e^{-t} \tag{2.46}$$

■ **예제 2.13**

다음의 미분방정식을 풀어라.

$$\ddot{y} + 9y = \sin 4t, \ y(0) = \dot{y}(0) = 0 \tag{2.47}$$

[정답]

$$y(t) = \frac{4}{21} sin3t - \frac{1}{7} sin4t \quad (2.48)$$

2.7 컨볼루션 적분(Convolution Integral)

컨볼루션 적분은 입력성형기법을 정의하는 데 있어 매우 유용하게 활용되는 도구이다. 특히 입력성형기법에서 적용되는 입력과 입력성형기 간의 컨볼루션에 있어 직접 활용된다. 여기서는 컨볼루션 적분의 정의 및 라플라스 변환에서의 활용에 대해 간략히 설명하였다.

컨볼루션 적분의 정의

$L\{f(t)\} = F(s)$, $L\{g(t)\} = G(s)$, $H(s) = G(s)F(s)$라면 $L\{h(t)\} = H(s)$를 만족시키는 $h(t)$는 다음과 같은 컨볼루션 적분식에서 얻어진다.

$$h(t) = (f \times g)(t) = \int_0^t f(\tau)g(t-\tau)d\tau \quad (2.49)$$

■ **예제 2.14**

라플라스 변환된 함수가 다음과 같을 때 원래의 함수를 구하시오.

$$H(s) = \frac{1}{s^2}\frac{1}{s-a} \quad (2.50)$$

[해법]

$$L^{-1}\left\{\frac{1}{s^2}\right\} = t \quad (2.51)$$

$$L^{-1}\left\{\frac{1}{s-a}\right\} = e^{at} \quad (2.52)$$

$$h(t) = t \times e^{at} = \int_0^t \tau e^{a(t-\tau)} d\tau = \mathrm{e}^{\mathrm{at}} \int_0^{\mathrm{t}} \tau \mathrm{e}^{-\mathrm{a}} \tau \mathrm{d}\tau \tag{2.53}$$

따라서

$$h(t) = e^{at} \left[-\frac{t}{a} e^{-at} - \frac{1}{a^2} e^{-a\tau} \Big|_0^t \right] = \frac{1}{a^2} \left[e^{at} - at - 1 \right] \tag{2.54}$$

■ **예제 2.15**

예제 2.14에서 얻어진 $h(t)$를 이용하여 $H(s)$를 전달함수로 갖는 시스템에 임의의 입력 $x(t)$가 가해진다고 할 때의 응답 $y(t)$를 구하시오.

[해법]

$$H(s) = \frac{1}{s^2} \frac{1}{s-a}, \qquad h(t) = \frac{1}{a^2} \left[e^{at} - at - 1 \right] \tag{2.55}$$

$Y(s) = H(s)X(s)$이므로 컨볼루션 적분식으로부터 응답은 다음과 같이 얻어진다.

$$\begin{aligned} y(t) &= (h \times x)(t) \\ &= \int_0^t x(\tau) h(t-\tau) d\tau \\ &= \int_0^t x(t-\tau) h(\tau) d\tau \end{aligned} \tag{2.56}$$

따라서

$$\begin{aligned} y(t) &= \int_0^t x(t-\tau) \frac{1}{a^2} \left[e^{a\tau} - a\tau - 1 \right] d\tau \\ &= \frac{1}{a^2} \int_0^t [e^{a\tau} x(t-\tau) - a\tau x(t-\tau) - x(t-\tau)] d\tau \end{aligned} \tag{2.57}$$

CHAPTER

03

진동계의 모델링 및 해법

3.1 1 자유도 진동계(Single degree-of-freedom vibration system)

물체의 운동을 표현할 수 있는 최소 좌표수를 물체의 자유도(degree-of-freedom)라 정의한다. 3차원 공간상에 있는 하나의 강체(Rigid body)는 3방향의 변위좌표와 3방향의 회전좌표, 즉 6 좌표로 표현 가능하므로 6 자유도가 된다. 그러나 물체의 운동을 제한하는 조건, 예컨대 상하방향의 운동이나 회전운동이 발생되지 않도록 하는 등의 외부적인 구속이 있게 되면 물체의 운동을 표현하기 위한 좌표의 수가 1개씩 줄어들게 되는데 이를 구속조건(Constraint)이라 한다. 따라서 강체의 자유도는 6 자유도를 갖는 강체의 수와 그 강체들에 인가되는 구속조건의 수를 구하여 손쉽게 결정할 수 있다.

실제의 물리계에서 존재하는 모든 물체는 강체가 아니고 연성체(Flexible body)이므로 유한좌표에 의해 운동을 표현할 수 없는 연속체(Continuous system)이며 무한자유도를 갖게 된다. 그러나 물체를 연속체로 고려할 경우 그 해석이 복잡해지며, 형상과 조건에 따라서는 해석이 불가능할 수도 있기 때문에 실용적으로는 연속체를 유한자유도를 갖는 시스템으로 근사화하여 푸는 방법이 많이 개발되어 활용되어 오고 있다. 유한요소법(Finite element method)이나 경계요소법(Boundary element method) 등이 그 대표적인 예이다.

한편 진동계를 고려함에 있어 가장 단순한 모델은 1 자유도계로서 여기서는 1 자유도 진동계의 모델링과 해법에 관해 살펴보기로 한다. 1 자유도 진동계는 진동이론에 대한 대부분의 보편적 정보를 제공해줄 뿐만 아니라 일반적인 구조물에 대한 다자유도 진동계 운동방정식을 1 자유도계의 식으로 변환할 수 있어 결국 1 자유도 문제에 대한 해를 구하는 것은 일반적인 진동계 이해의 기초가 된다. 따라서 1 자유도 진동계에 대해 충실한 이해를 한다면 일반 진동계에 대한 경우도 쉽게 확장하여 이해할 수 있으리라 생각된다.

이 장에서는 1 자유도계를 중심으로 운동방정식을 유도하는 과정과 그 해를 구하는 방법에 대해 설명하고자 한다. 진동계의 해법으로는 일반적인 미분방정식 해법과 앞서 기술한 라플라스 변환을 활용하게 된다.

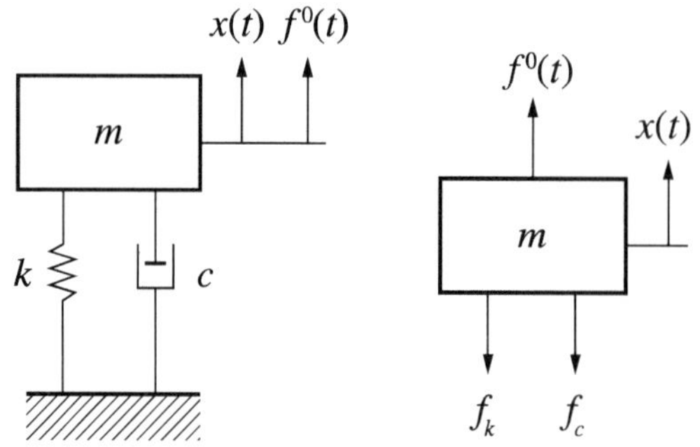

그림 3.1 이상적인 1 자유도 진동계 모델

3.2 1 자유도 진동계 운동방정식의 유도

그림 3.1은 1 자유도 진동계에 대한 모델로서 그 운동방정식을 유도하기 위해서는 자유물체도를 이용하는 것이 간편하다. 자유물체도에 뉴튼의 2법칙을 적용하여 다음과 같이 운동방정식(Equation of motion)을 얻을 수 있다.

$$\sum F = ma \tag{3.1}$$

또는

$$m\ddot{x}(t) + c\dot{x}(t) + kx(t) = f^0(t) \tag{3.2}$$

여기서 x, f^o는 운동좌표 및 그 좌표에서 가해지는 외력이고 m, c, k는 각각 질량, 점성감쇠, 강성이다. 달람베르(D'alembert)의 원리는 식(3.1)에서 우변의 관성력항을 좌변에 두어 동적인 상태의 힘 평형식을 나타내는 것을 의미하며 운동방정식 유도를 위해 널리 활용된다. 1 자유도계 진동계는 식(3.2)와 같이 선형 2차 미분방정식으로 표현된다.

진동계의 자유도가 높아지고 복합적인 상태에 있게 되면 뉴튼 방법에 의한 직접 유도가 어려워지므로 에너지를 이용한 방법이 많이 활용된다. 이때 가장 근간이 되는 이론적인 배경이 해밀턴의 원리(Hamilton's principle)이다. 해밀턴의 원리는 에너지식에 근거한 변분법(Variational principle)을 이용하여 다음과 같이 나타낼 수 있다.

$$\delta \int_{t_1}^{t_2} L dt = 0 \tag{3.3}$$

여기서 $L = T - V$ 이고 T, V는 각각 운동에너지와 위치에너지이다. 이를 물리적인 관점에서 보면 시간 t_1과 t_2 상태(Configuration)가 주어져 있다고 할 때 물체가 운동하는 경로는 L에 대한 시간적분이 정상(Stationary)이 되도록 하며, 따라서 운동경로에 미소한(Infinitesimal) 변화를 주었다고 해도 시간적분에 변화가 없게 됨을 의미한다. 이로부터 다음과 같은 일반화된 라그랑쥐 방정식(Lagrange's equation)을 얻어낼 수 있다.

$$\frac{d}{dt}\left\{\frac{\partial L}{\partial \dot{q}_r}\right\} - \frac{\partial L}{\partial q_r} = Q_r, \quad r = 1, 2, \ldots, n \tag{3.4}$$

여기서 q_r은 일반화된 좌표계이고 Q_r은 q_r에 미치는 비보존력(Non-conservative force)이다. 이와 같은 식은 구속조건이 좌표와 시간만의 함수로 표현되는 Holonomic 시스템의 경우에 국한된다. Q_r은 다시 점성감쇠에 의한 성분과 일반 비보존력으로 구분하여 다음과 같이 쓸 수 있다. 즉

$$Q_r = -\frac{\partial F}{\partial \dot{q}_r} + f_{nc} \tag{3.5}$$

여기서 F는 레일레이의 감쇠함수(Rayleigh dissipation function)이고 f_{nc}는 감쇠 외의 비보존력 성분이다. 식(3.5)를 식(3.4)에 대입하면 일반화된 라그랑쥐식을 얻을 수 있다.

라그랑쥐 방정식으로 1 자유도 진동계 운동방정식을 유도해 보면

$$L = \frac{1}{2} m\dot{x}^2 - \frac{1}{2} kx^2, \quad F = \frac{1}{2} c\dot{x}^2, \quad f_{nc} = f^0(t)$$

이므로 식(3.4)에 대입하여 식(3.2)의 운동방정식을 손쉽게 얻을 수 있다.

3.3 운동방정식의 해법

앞 절에서 유도한 바와 같이 1 자유도 진동계는 선형 2차 미분방정식으로 나타난다(식 (3.2)). 이를 간편화하기 위해 양변을 질량 m으로 나누고 재정리하면

$$\ddot{x}(t) + 2\zeta\omega_n\dot{x}(t) + \omega_n^2 x(t) = \omega_n^2 f(t) \tag{3.6}$$

여기서 ζ는 감쇠비(Damping ratio)라 하고,

$$\zeta = \frac{c}{2m\omega_n} = \frac{\mathrm{c}}{2\sqrt{\mathrm{mk}}} = \frac{\mathrm{c}}{\mathrm{c_{cr}}}$$

로 정의되는데, $\mathrm{c_{cr}}$을 임계감쇠계수(Critical damping coefficient)라 한다. 또 $\omega_\mathrm{n} = \sqrt{\frac{\mathrm{k}}{\mathrm{m}}}$, $f(t) = \frac{f^o(t)}{m}$ 으로 정의된다. 식(3.6)의 미분방정식을 만족하는 해는 일반적으로 다음과 같이 두 해의 합으로 쓸 수 있다.

$$x(t) = x_h(t) + x_p(t) \tag{3.7}$$

여기서 $x_h(t)$는 제차해로서 외력항과 관련 없는 초기조건에 의한 해이며 $x_p(t)$는 외력 $f(t)$에 의해 결정되는 특수해가 된다. 제차해는 초기조건에 의해 나타나게 되는 자유 진동의 해가 되며 특수해는 외력조건에 의해 결정되는 강제진동의 해가 된다.

(1) 운동방정식에 대한 제차해

운동방정식으로부터 제차 미분방정식을 다시 쓰면 다음과 같다.

$$\ddot{x}(t) + 2\zeta\omega_n\dot{x}(t) + \omega_n^2 x(t) = 0 \quad : \quad x_h(t) \tag{3.8}$$

이와 같은 미분방정식의 해는

$$x(t) = Ce^{st} \quad (\dot{x}(t) = Cs\,e^{st},\quad \ddot{x}(t) = Cs^2e^{st}) \tag{3.9}$$

로 쓸 수 있으므로 주어진 미분방정식 (3.8)에 대입하면 s에 대한 다음의 식을 얻을 수 있다.

$$(s^2 + 2\zeta\omega_n s + \omega_n^2)x(t) = 0 \tag{3.10}$$

식(3.10)에서 $x(t)$가 비당연해(Non-trivial solution)를 갖도록 하기 위해서는 다음 식이 성립하여야 한다.

$$(s^2 + 2\zeta\omega_n s + \omega_n^2) = 0 \tag{3.11}$$

식(3.11)은 ζ 값에 따라 다음과 같이 다른 값을 갖게 된다. 즉,

$$0 < \zeta < 1 \quad : \quad s_{1,2} = (-\zeta \pm j\sqrt{1-\zeta^2})\omega_n \qquad \text{복소근}$$
$$\zeta = 1 \quad : \quad s_1 = -\omega_n \qquad \text{실중근}$$
$$\zeta > 1 \quad : \quad s_{1,2} = (-\zeta \pm \sqrt{\zeta^2 - 1})\omega_n \qquad \text{실근}$$

이와 같이 s를 구하면 미분방정식의 해는 구한 s를 이용해 다음과 같이 쓸 수 있다.

$$x(t) = \begin{cases} C_1 e^{s_1 t} + C_2 e^{s_2 t} & \zeta \neq 1 \\ (C_1 + C_2 t)e^{s_1 t} & \zeta = 1 \end{cases} \tag{3.12}$$

여기서 C_1, C_2는 초기치에 의해 결정되는 상수로서 일반적으로 $x(0)$와 $\dot{x}(0)$가 주어지면 해에 대입하여 결정할 수 있다.

(2) 운동방정식에 대한 특수해

미분방정식에 대한 특수해는 외력에 의해 결정된다. 기계류의 진동을 다루는 경우 대체로 동일 운동을 반복하는 특성을 보이게 되므로 보편적으로 많이 취급하는 외력함수가 주기함수(Periodic function)이다. 주기함수를 다룰 경우에는 푸리에(Fourier) 급수전개를 이용하여 조화함수(Harmonic function)의 조합으로 전개해서 계산하는 것이 편리하다. 즉, 주어진 방정식은 선형으로서 중첩(Superposition)이 가능하므로 전개된 개별 항에 대한 해를 구하면 그 합이 원하는 해가 된다. 따라서 여기서는 외력을 한 개의 주파수 성분을 갖는 조화함수로 가정하여 문제를 풀도록 한다. 즉,

$$f(t) = f_c \cos\omega t + f_s \sin\omega t \tag{3.13}$$

이라고 하면 그때의 특수해 $x(t)$는

$$x(t) = x_c \cos\omega t + x_s \sin\omega t \tag{3.14}$$

라고 쓸 수 있으므로 이를 운동방정식에 대입하면 다음과 같이 정리할 수 있다.

$$\{(\omega_n^2 - \omega^2)x_c + 2\zeta\omega_n x_s\}\cos\omega t + \{(\omega_n^2 - \omega^2)x_s - 2\zeta\omega_n x_c\}\sin\omega t$$
$$= \omega_n^2 (f_c \cos\omega t + f_s \sin\omega t) \tag{3.15}$$

위의 등식은 시간에 관계없이 만족해야 하고 sine과 cosine은 서로 독립적이므로 다음과 같은 식이 성립한다. 즉,

$$\begin{bmatrix} (\omega_n^2 - \omega^2) & -2\zeta\omega_n\omega \\ 2\zeta\omega_n\omega & (\omega_n^2 - \omega^2) \end{bmatrix} \begin{bmatrix} x_s \\ x_c \end{bmatrix} = \omega_n^2 \begin{bmatrix} f_s \\ f_c \end{bmatrix} \tag{3.16}$$

으로 되므로 결과를 구하면 다음과 같다.

$$x_c = \frac{(1-(\omega/\omega_n)^2)f_c - 2\zeta\omega/\omega_n f_s}{(1-(\omega/\omega_n)^2)^2 + (2\zeta\omega/\omega_n)^2} \tag{3.17}$$

$$x_s = \frac{2\zeta\omega/\omega_n f_c + (1-(\omega/\omega_n)^2)f_s}{(1-(\omega/\omega_n)^2)^2 + (2\zeta\omega/\omega_n)^2} \tag{3.18}$$

일반해는 다음과 같이 쓸 수 있다.

$$x(t) = x_c \cos\omega t + x_s \sin\omega t = X\cos(\omega t - \phi) \tag{3.19}$$

여기서

$$X = \frac{\sqrt{f_c^2 + f_s^2}}{\sqrt{(1-(\omega/\omega_n)^2)^2 + (2\zeta\omega/\omega_n)^2}}$$

$$\phi = \tan^{-1}\frac{x_s}{x_c}$$

이와 같은 전개식은 복소기호에 의해 보다 손쉽게 구할 수 있다. 먼저 앞에서 풀었던 문제와 동일한 문제를 풀기로 하자. 외력과 응답을 다음과 같이 나타내기로 한다.

$$\begin{aligned} f &= f_0 e^{j\omega t} = Re\{f_0 e^{j\omega t}\} \\ x &= x_0 e^{j\omega t} = Re\{x_0 e^{j\omega t}\} \end{aligned} \tag{3.20}$$

여기서 f_o, x_o는 일반적으로 복소수이다. 이와 같은 복소 정의가 원래의 정의와 일관성을 갖기 위해서는 시간영역에서 같은 결과가 되도록 정의할 필요가 있는데 여기서는 편의상 시간영역에서는 각각의 실수 성분을 택하는 것으로 정의하자. 따라서 외력이 위의 경우와 같이 cosine 항만으로 이루어진 경우에는 f_o는 실수로 나타나게 되고 일반적으로 sine, cosine이 동시에 존재하는 경우에는 다음과 같이 쓸 수 있다. 즉,

$$f = f_c \cos\omega t + f_s \sin\omega t \tag{3.21}$$

이면

$$f_0 = f_c - j f_s \tag{3.22}$$

라고 쓸 수 있게 된다.

따라서 위의 두 개의 정의식을 운동방정식에 대입하게 되면

$$\left\{(\omega_n^2 - \omega^2) + j2\zeta\omega_n\omega\right\}x_0 = \omega_n^2 f_0 \tag{3.23}$$

또는

$$x_0 = \frac{\omega_n^2 f_0}{(\omega_n^2 - \omega^2) + 2j\zeta\omega_n\omega} \tag{3.24}$$

결국,

$$x(t) = Re\left\{x_0 e^{j\omega t}\right\} = x_c \cos\omega t + x_s \sin\omega t \tag{3.25}$$

와 같이 앞에서의 정의와 일치하게 된다. 여기서 사용된 f_o, x_o를 복소페이저(Complex phasor)라 하는데 일반적인 강제진동식에서 유용하게 활용할 수 있다.

3.4 상태방정식(State equation)을 이용한 선형미분방정식의 해법

운동방정식을 푸는 일반적인 방법을 설명하기 위해 상태방정식을 도입하도록 한다. 상태방정식은 2차의 미분방정식을 1차미분방정식으로 쓸 수 있게 한다. 운동방정식 (3.6)을 상태방정식으로 다시 쓰면 다음과 같다.

$$A\dot{X} + BX = F \tag{3.26}$$

여기서

$$X = \begin{Bmatrix} \dot{x} \\ x \end{Bmatrix},\ F = \begin{Bmatrix} 0 \\ \omega_n^2 f \end{Bmatrix},\ A = \begin{bmatrix} 0 & 1 \\ 1 & 2\zeta\omega_n \end{bmatrix},\ B = \begin{bmatrix} -1 & 0 \\ 0 & \omega_n^2 \end{bmatrix}$$

물론 X, A, B, F는 여러가지 다른 표현이 가능하다. 식(3.26)과 같은 1차 행렬미분방정식을 푸는 과정은 일반 1차 미분방정식을 푸는 것과 유사하다. 먼저 제차해를 구하기 위해 해를 다음과 같이 둔다.

$$X = X_0 e^{st} \tag{3.27}$$

식(3.27)을 식(3.26)의 우변을 제외한 제차상태방정식에 대입하면

$$(sA + B)X_0 = 0 \tag{3.28}$$

이므로 식(3.28)을 만족하는 비당연해 X_o가 존재하기 위해서는

$$\det(sA + B) = (s^2 + 2\zeta\omega_n s + \omega_n^2) = 0 \tag{3.29}$$

을 만족하게 된다. 여기서 s를 고유치(Eigenvalue)라 한다. 두 개의 고유치를 각각 s_1, s_2라 하면 s_1, s_2에 대응하여 X_o가 각각 하나씩 대응하게 되는데 이를 고유벡터(Eigenvector)라고 하고 다음과 같이 구한다.

$$X_1 = \begin{Bmatrix} s_1 \\ 1 \end{Bmatrix},\ X_2 = \begin{Bmatrix} s_2 \\ 1 \end{Bmatrix} \tag{3.30}$$

한편 특수한 경우로서 고유치가 중근일 때는 두 개의 서로 다른 벡터가 얻어지는 경우와 그렇지 않은 경우가 있을 수 있는데, 이 문제에서는 독립적인 벡터를 얻을 수 없는데 자세한 내용은 참고문헌을 참조하도록 한다.

이와 같이 얻어진 해를 정리하여 쓰면 다음과 같다.

$$X = C_1 X_1 e^{s_1 t} + C_2 X_2 e^{s_2 t} \tag{3.31}$$

따라서 시간응답 $x(t)$는

$$x(t) = C_1 e^{s_1 t} + C_2 e^{s_2 t} \tag{3.32}$$

으로 결정되므로 앞에서 구했던 결과와 일치한다.

3.5 라플라스 변환에 의한 해법

라플라스 변환을 이용하여 운동방정식을 풀기로 하자. 먼저 운동방정식 (3.2)의 양편을 모두 라플라스 변환을 취하게 되면 다음 식을 얻을 수 있다.

$$Z(s)X(s) = \omega_n^2 F(s) + v_0 + (s + 2\zeta\omega_n)x_0 \tag{3.33}$$

여기서 $X(s)$, $F(s)$는 각각 $x(t)$, $f(t)$의 라플라스 변환이다. 또, x_0, v_0는 각각 초기변위와 초기속도이고, 동적임피던스 $Z(s)$는 다음과 같이 표현된다.

$$Z(s) = s^2 + 2\zeta\omega_n s + \omega_n^2 \tag{3.34}$$

따라서 응답은 다음과 같이 얻어진다.

$$X(s) = \frac{\omega_n^2 F(s) + v_0 + (s + 2\zeta\omega_n)x_0}{Z(s)} \tag{3.35}$$

이와 같은 결과식으로부터 시간응답 $x(t)$는 $X(s)$를 라플라스 역변환하여 얻을 수 있다. 라플라스 역변환은 2장에서 확인한 바와 같이 $X(s)$를 부분분수로 바꾼 후 라플라스 변환표를 이용하여 구할 수 있다.

■ [예제 3.1]

다음의 미분방정식을 라플라스 변환을 이용하여 풀도록 하자.

$$\ddot{x}+\omega_n^2 x = f(t), \qquad x(0)=x_0,\ \dot{x}(0)=v_0$$

[해법]

여기서 $f(t)$는 단위계단형 입력(Unit step input)이라고 하자. 먼저, 식의 양변을 라플라스 변환을 취하고 정리하면 다음 식을 얻을 수 있다.

$$L\left\{\ddot{x}+\omega_n^2 x\right\} = L\{f(t)\}$$

$$(s^2+\omega_n^2)X(s) - sx_0 - v_0 = F(s)$$

$$X(s) = \frac{F(s)+v_0+sx_0}{(s^2+\omega_n^2)}$$

여기서

$$X(s) = L(x(t)) = \int_0^\infty e^{-st}x(t)dt$$

$$F(s) = L(f(t)) = \int_0^\infty e^{-st}dt = \frac{1}{s}$$

따라서 시간응답을 구하기 위해 $X(s)$에 대한 라플라스 역변환을 취하여 다음을 얻을 수 있다.

$$x(t) = L^{-1}(X(s))$$

$$= L^{-1}\left[\frac{1}{s(s^2+\omega_n^2)}\right] + L^{-1}\left[\frac{v_0+sx_0}{(s^2+\omega_n^2)}\right]$$

$$= \frac{1}{\omega_n^2}\left[\frac{1}{s} - \frac{s}{s^2+\omega_n^2}\right] + \frac{v_0}{s^2+\omega_n^2} + \frac{sx_0}{s^2+\omega_n^2}$$

$$= \frac{1}{\omega_n^2}(1-\cos\omega_n t) + \frac{v_0}{\omega_n} sin\omega_n t + x_0 \cos\omega_n t$$

강제진동의 경우에는 초기치가 고려되지 않으므로 식(3.33)을 다음과 같이 단순화 할 수 있다.

$$X(s) = \frac{F(s)}{Z(s)} = G(s)F(s) \tag{3.36}$$

여기서 $G(s)$를 전달함수라 하며 다음과 같이 정의된다.

$$G(s) = \frac{1}{Z(s)} = \frac{X(s)}{F(s)} \tag{3.37}$$

이와 같이 정의된 전달함수는 주어진 진동계에 대한 특성을 나타내게 되는데, 여기서 $Z(s) = 0$이 되게 하는 s를 극점(pole)이라 하며 앞에서 다루었던 고유치와 같은 값을 가진다. 전달함수 및 전달함수를 이용한 응답해석에 대한 자세한 설명을 부록에 첨부하였다.

CHAPTER

04

입력명령에 의한 진동계의 운동

4.1 입력명령에 의한 진동계의 운동 모델링 및 해석

탄성체와 관성체로 이루어진 진동계를 이송하게 되면 출발과 정지 또는 변속 시에 진동이 발생된다. 이 장에서는 이와 같이 진동계에 외부로부터 이송을 위한 일반적인 입력이 인가되었을 때의 응답을 검토함으로써 입력성형의 개념에 대해 설명한다.

임의의 입력에 대한 1 자유도 진동계의 특성을 검토하기 위해 그림 4.1과 같은 진동계를 고려한다.

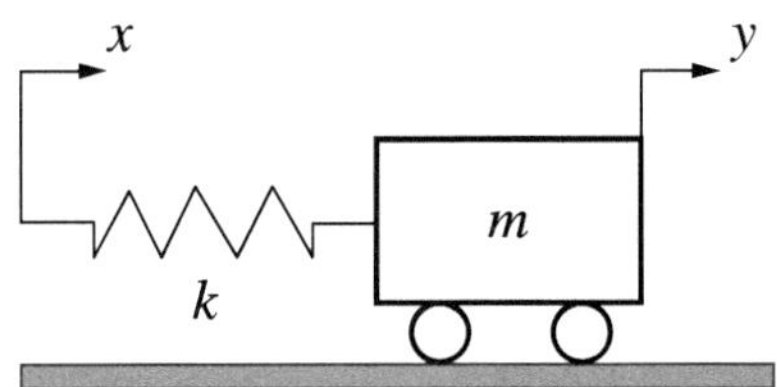

그림 4.1 1 자유도 진동계로 표현되는 이송계 시스템 개념도

그림 4.1에서 x는 입력이며, y는 응답을 의미한다. 그림 4.1의 진동계에 대한 운동방정식은 다음과 같이 표현된다.

$$m\ddot{y} + k(y - x) = 0 \tag{4.1}$$

또는

$$m\ddot{y} + ky = kx \tag{4.2}$$

먼저, 입력 x에 단위계단 입력이 인가된 경우를 고려한다.

$$x(t) = u(t) \tag{4.3}$$

식(4.3)을 라플라스 변환하면 다음과 같다.

$$X(s) = \frac{1}{s} \tag{4.4}$$

운동방정식 (4.1)의 좌우 양변을 라플라스 변환하면 다음의 식을 얻는다.

$$(ms^2+k)Y(s) = k\frac{1}{s} \tag{4.5}$$

따라서

$$Y(s) = k\frac{1}{s}\frac{1}{(ms^2+k)} = \omega_n^2\frac{1}{s}\frac{1}{s^2+\omega_n^2} = \frac{1}{s} - \frac{s}{s^2+\omega_n^2} \tag{4.6}$$

여기서 $\omega_n^2 = \dfrac{k}{m}$ 이다. 결국 시간응답은 다음과 같이 얻어진다.

$$y(t) = u(t) - \cos\omega_n t \tag{4.7}$$

식(4.7)의 결과를 고유진동수가 1Hz일 때를 고려하여 그림 4.2에 나타내었다. 입력명령 크기인 1을 기준값으로 오실레이션하는 특성을 볼 수 있다.

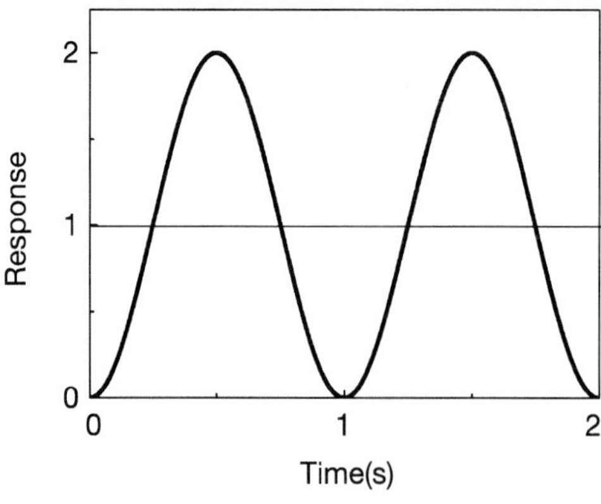

그림 4.2 단위계단 입력명령에 대한 응답

한편 입력명령과 출력이 변위가 아닌 속도인 경우를 고려해보자. 이 경우에는 다음과 같이 쓸 수 있다.

$$\dot{x}(t) = u(t) \tag{4.8}$$

식(4.8)을 라플라스 변환하면 다음과 같다.

$$V_x(s) = sX(s) = \frac{1}{s} \tag{4.9}$$

운동방정식 (4.1)로부터 다음의 식을 얻는다.

$$(ms^2 + k)Y(s) = k\frac{1}{s^2} \tag{4.10}$$

따라서

$$Y(s) = k\frac{1}{s^2}\frac{1}{(ms^2+k)} = \omega_n^2\frac{1}{s^2}\frac{1}{s^2+\omega_n^2} \tag{4.11}$$

결국 속도응답은 다음과 같다.

$$\begin{aligned} V_y(s) = s\,Y(s) = k\frac{1}{s}\frac{1}{(ms^2+k)} &= \omega_n^2\frac{1}{s}\frac{1}{s^2+\omega_n^2} \\ &= \frac{1}{s} - \frac{s}{s^2+\omega_n^2} \end{aligned} \tag{4.12}$$

따라서 속도에 대한 시간응답은 다음과 같이 얻어진다.

$$v_y(t) = \dot{y}(t) = u(t) - \cos\omega_n t \tag{4.13}$$

이상의 계산으로부터 속도의 경우도 변위입력명령과 마찬가지 형태의 응답을 얻게 됨을 알 수 있다.

4.2 수정된 계단입력에 대한 응답

앞 절에서 살펴본 바와 같이 계단입력은 진동계의 잔류진동을 유발하게 된다. 최종적인 값은 동일하게 유지하면서 입력의 형태를 변화시킨 경우의 잔류진동을 살펴보기 위해 그림

4.3에 나타낸 입력을 고려하자. 그러면 시간영역에서 다음과 같이 표현할 수 있다.

$$x(t) = \frac{1}{2}u(t) + \frac{1}{2}u(t-T) \tag{4.14}$$

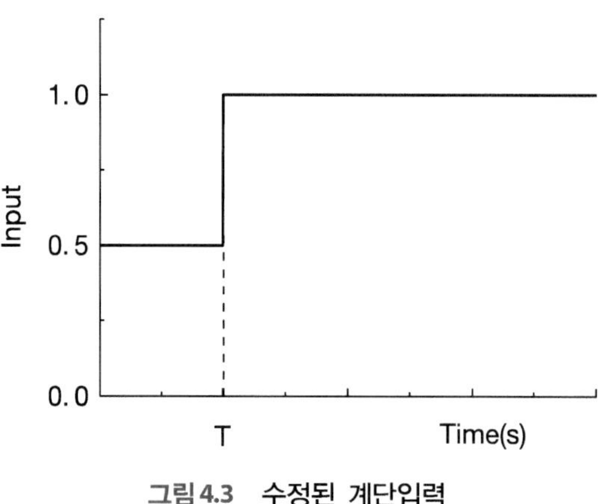

그림 4.3 수정된 계단입력

식(4.14)를 라플라스 변환하면 다음과 같다.

$$X(s) = \frac{1}{2}\frac{1}{s}(1 + e^{-Ts}) \tag{4.15}$$

따라서 식(4.1)로부터 다음의 식을 얻는다.

$$(ms^2 + k)Y(s) = \frac{k}{2}\frac{1}{s}(1 + e^{-Ts}) \tag{4.16}$$

또는

$$Y(s) = \frac{\omega_n^2}{2}\frac{1}{s}\frac{1}{(s^2 + \omega_n^2)}(1 + e^{-Ts}) \tag{4.17}$$

결국 다음의 결과를 얻게 된다.

$$Y(s) = \frac{1}{2}\left[\frac{1}{s} - \frac{s}{(s^2+\omega_n^2)}\right](1+e^{-Ts}) \tag{4.18}$$

따라서 시간응답을 보면 그 결과는 다음과 같다.

$$y(t) = \frac{1}{2}\left[u(t) - \cos\omega_n t + u(t-T) - \cos(\omega_n(t-T))u(t-T)\right] \tag{4.19}$$

그림 4.4에 이 결과를 고유진동수가 1 Hz인 경우에 대해 시간 T를 바꾸면서 도시하였다. 시간 T에 의해 응답의 양상이 크게 변화하는 것을 볼 수 있다. 특히 $T=0.5$일 때 즉, 반주기에 해당될 때 오실레이션이 완전히 없어지는 것을 확인할 수 있다. 이 예를 통해 알 수 있는 바와 같이 수정된 계단입력은 기존의 계단응답의 특성을 완전히 변화시킬 수 있다. 즉, T를 적절히 선정한다면 잔류진동 없이 원하는 응답을 얻을 수 있음을 알 수 있다. 여기서 중요한 것은 T를 어떻게 결정하는가 하는 문제이다. 비감쇠계에서 T는 일반적으로 고유진동수에 의해 결정되며, 감쇠계에서는 고유진동수와 감쇠비의 영향을 받게 된다.

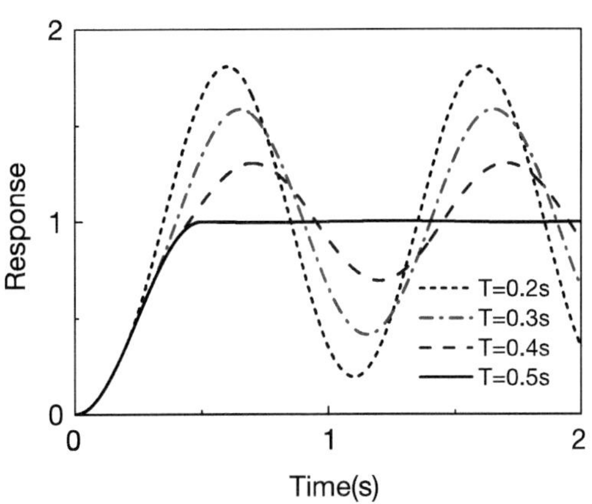

그림 4.4 수정된 계단입력에 대한 응답: 시간 T 변화

한편 속도입력명령에 대한 수정된 입력을 고려해보자.

$$\dot{x}(t) = \frac{1}{2}u(t) + \frac{1}{2}u(t-T) \tag{4.20}$$

식(4.20)을 라플라스 변환하면 다음과 같다.

$$X(s) = \frac{1}{2}\frac{1}{s^2}(1+e^{-Ts}) \tag{4.21}$$

식(4.21)을 운동방정식에 대입하여 다음 식을 얻는다.

$$(ms^2+k)Y(s) = \frac{k}{2}\frac{1}{s^2}(1+e^{-Ts}) \tag{4.22}$$

따라서

$$Y(s) = \frac{\omega_n^2}{2}\frac{1}{s^2}\frac{1}{(s^2+\omega_n^2)}(1+e^{-Ts}) \tag{4.23}$$

다시 쓰면

$$Y(s) = \frac{1}{2}\left[\frac{1}{s^2} - \frac{1}{(s^2+\omega_n^2)}\right](1+e^{-Ts}) \tag{4.24}$$

또는

$$V_y(s) = s\,Y(s) = \frac{1}{2}\left[\frac{1}{s} - \frac{s}{(s^2+\omega_n^2)}\right](1+e^{-Ts}) \tag{4.25}$$

식(4.25)로부터 시간응답은 다음과 같다.

$$\begin{aligned} v_y(t) &= \dot{y}(t) \\ &= \frac{1}{2}\left[u(t) - \cos\omega_n t + u(t-T) - \cos(\omega_n(t-T))u(t-T)\right] \end{aligned} \tag{4.26}$$

따라서 속도에 대한 경우에도 변위의 경우와 동일하게 수정된 입력에 의해 응답의 양상이 크게 변하게 되며 $T=0.5$일 때 오실레이션이 없어지게 된다.

4.3 입력성형기(Input shaper)의 도입

앞 절에서 다루었던 수정된 계단입력을 다시 한 번 살펴보자. 수정된 계단입력에 대한 라플라스 변환식 (4.15)는 다음과 같이 다시 쓸 수 있다.

$$Y(s) = \frac{1}{2}\frac{1}{s}(1+e^{-Ts}) = \frac{1}{s}\left[\frac{1}{2}+\frac{1}{2}e^{-Ts}\right] \tag{4.27}$$

식(4.27)을 시간영역에서 다시 쓰면, 라플라스 변환의 컨볼루션 적분식으로부터 다음과 같이 쓸 수 있다.

$$x(t) = u(t)*\left[\frac{1}{2}\delta(t)+\frac{1}{2}\delta(t-T)\right] \tag{4.28}$$

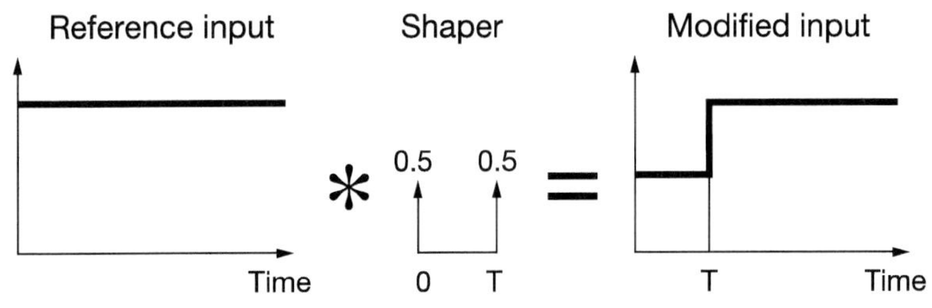

그림 4.5 입력성형기에 의한 수정된 입력의 표현

식(4.28)에 의하면, 주어진 수정된 입력을 두 개의 입력성분으로 구분할 수가 있다. 그림 4.5는 이와 같은 표현에 의해 시간영역에서 재구성한 입력을 보여주고 있다. 컨볼루션의 왼편이 단위계단입력으로 원래 희망했던 입력(기준입력)이고, 오른편은 임펄스열로 표현되고 있는데 이것을 입력성형기(Input shaper)라고 한다.

실용적으로 사용되는 많은 입력이 실제적으로는 그림 4.6에서 보여지는 바와 같이 램프입력이 포함된다. 예컨대 모터의 속도를 제어하는 경우 목표로 하는 속도명령에 도달하는 과정에 적절한 가속구간을 두어 안정적으로 목표속도에 도달하게 한다.

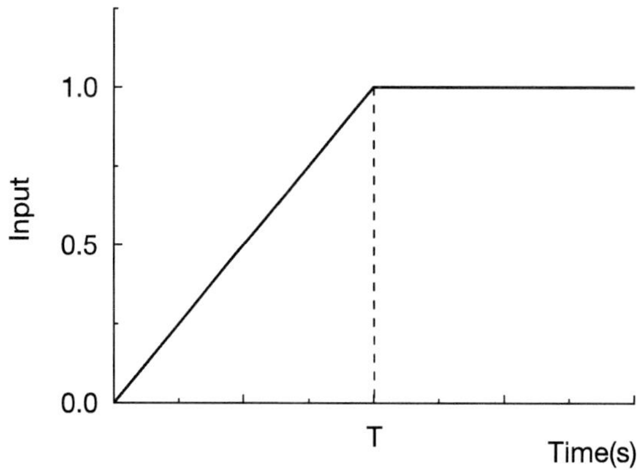

그림 4.6 램프입력을 포함한 입력명령

그림 4.6에 표현된 입력을 시간함수로 표현하면 다음과 같다.

$$x(t) = \frac{1}{T}(r(t) - r(t-T)) \tag{4.29}$$

식(4.29)를 라플라스 변환하면

$$X(s) = \frac{1}{Ts^2}(1 - e^{-Ts}) \tag{4.30}$$

운동방정식에 대입하면 다음의 식을 얻는다.

$$(ms^2 + k)Y(s) = k\frac{1}{Ts^2}(1 - e^{-Ts}) \tag{4.31}$$

따라서 응답식은 아래와 같다.

$$Y(s) = \omega_n^2 \frac{1}{Ts^2} \frac{1}{(s^2 + \omega_n^2)}(1 - e^{-Ts}) \tag{4.32}$$

부분분수형태로 분리하면

$$Y(s) = \frac{1}{T}\left[\frac{1}{s^2} - \frac{1}{(s^2 + \omega_n^2)}\right](1 - e^{-Ts}) \tag{4.33}$$

따라서 시간응답은 다음과 같다.

$$y(t) = \frac{1}{T}\left[r(t) - r(t-T) - \frac{1}{\omega_n}(\sin\omega_n t - \sin(\omega_n(t-T))u(t-T))\right] \quad (4.34)$$

그림 4.7은 고유진동수가 1Hz일 때, T의 변화에 따른 응답변화를 보여주고 있다. T=1초일 때, 즉 고유주기와 T가 일치할 때 오실레이션이 완전히 사라지게 됨을 알 수 있다. 입력의 급격한 변화를 줄이기 위한 램프입력이 잔류진동을 줄이는 데 도움이 되기는 하지만 앞 장에서 다루었던 방법에 비해 응답의 속도가 느려지는 것을 확인할 수 있다. 램프입력에서 잔류진동이 소거되는 이 같은 특성에 대해서는 10장에서 자세한 내용을 다루기로 한다.

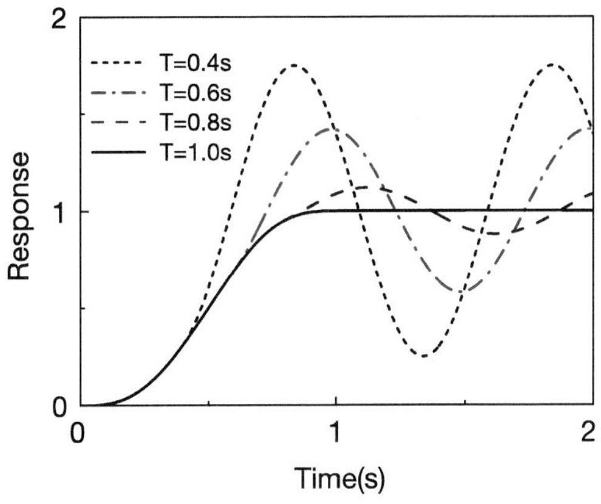

그림 4.7 램프입력이 포함된 경우의 응답: T변화에 따른 응답 변화

CHAPTER

05

입력성형기법의 기본 개념

5.1 개요

대부분의 이송계에 있어 잔류진동은 시스템의 성능을 저하시키는 주된 원인이 되고 있다. 잔류진동을 억제하기 위해 우선적으로 적용되고 있는 기술은 잘 알려진 바와 같이 되먹임제어(Feedback control)이다. 정밀위치결정 스테이지는 대체로 서보모터를 채용하고 있으며 서보모터의 되먹임제어 매개변수를 조절하는 방식으로 1차적인 진동제어가 가능하다. 그러나 스테이지에 탄성이나 관성이 큰 구조물이 결합된 경우에는 효과적이지 못한 경우가 많다.

보다 직접적인 방법으로 입력명령을 조작하는 앞먹임제어(Feedforward control)가 있다. 잔류진동을 제어하기 위한 앞먹임제어 방법 중 입력성형기법에 관한 연구가 많이 이루어졌으며, 입력성형기법은 일반적으로 되먹임제어에 비해 되먹임을 위한 센서 등이 필요하지 않으므로 비교적 간단히 구현할 수 있다. 따라서 기존 시스템에 큰 수정 없이 간단히 적용할 수 있는 장점을 가지고 있다. 이 장에서는 앞 장에서 소개되었던 내용을 기초로 입력성형기법을 이용하여 잔류진동을 억제하는 방법에 대해 기본적인 개념을 소개한다.

5.2 입력성형기의 정의

이 책에서 말하고 있는 입력성형기법이란 이송기구의 출발, 정지나 그 속도를 조절함에 있어 속도의 가감속 방법을 한 단계로 실행하는 것이 아니라, 입출력 특성에 근거하여 여러 단계로 나눔으로서 자체의 입력에 의한 진동 상쇄효과를 얻을 수 있도록 하는 것이다. 그림 5.1은 대표적인 입력성형기법인 ZV(Zero vibration)에 의해 임펄스 A_1의 응답에 임펄스 A_2의 응답을 중첩함으로써 전체 응답이 임펄스 A_2가 입력된 이후에 상쇄되는 것을 예시하고 있다.

그림 5.1에서 볼 수 있는 바와 같이 입력성형기법이란 앞선 입력에 의해 발생된 진동을 적

절한 시간 지연 후에 가한 입력에 의해 발생되는 진동과 상쇄시킬 수 있도록 입력을 성형하는 방식이다. 여기서 가장 중요한 것은 두 번째 입력의 크기와 인가시간인데, 이는 시스템이 갖는 고유진동수와 감쇠비에 의해 계산된다. 따라서 시스템의 고유진동수와 감쇠비를 미리 파악하고 있다는 점이 중요하다.

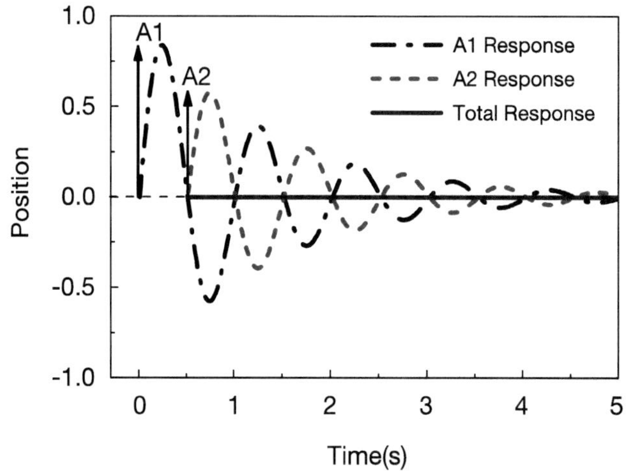

그림 5.1 입력성형을 이용한 진동제거 개념: Singhose and Seering, 2007

그림 5.1은 임펄스 형태의 입력이 가해졌을 때를 보여주고 있는데, 일반적인 입력이 인가되는 경우에는 이와 같이 상쇄되는 효과가 있도록 설정된 임펄스열(Impulse sequence)을 원래의 입력명령과 컨볼루션하여 입력을 성형함으로서 쉽게 입력성형 기법을 적용할 수 있다.

일반적으로 많이 적용되는 입력성형의 형태는 ZV와 ZVD(Zero Vibration and Derivative)이다. ZV 입력성형은 그림 5.2(a)와 같이 진동주기를 T라 했을 때 T/2만큼의 간격을 가지고 각각 A_1, A_2의 크기로 임펄스를 입력하는 것이다. 반면 ZVD 입력성형은 그림 5.2(b)와 같이 A_1, A_2, A_3 크기의 임펄스를 각각 0, T/2, T만큼의 간격으로 컨볼루션 하는 것이다. 이때 A_1, A_2의 크기는 다음 절에 설명하는 이론에 의해 구할 수 있다.

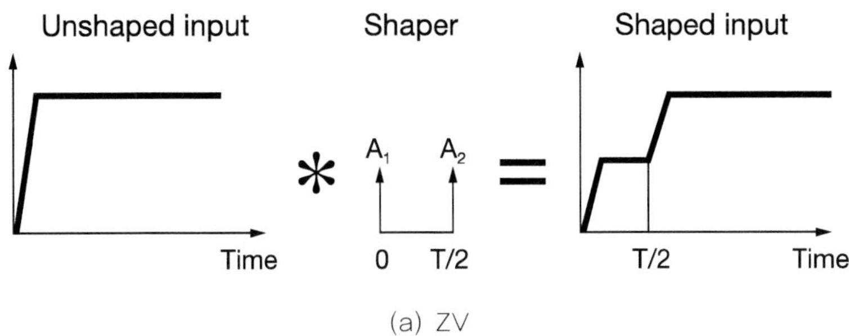

(a) ZV

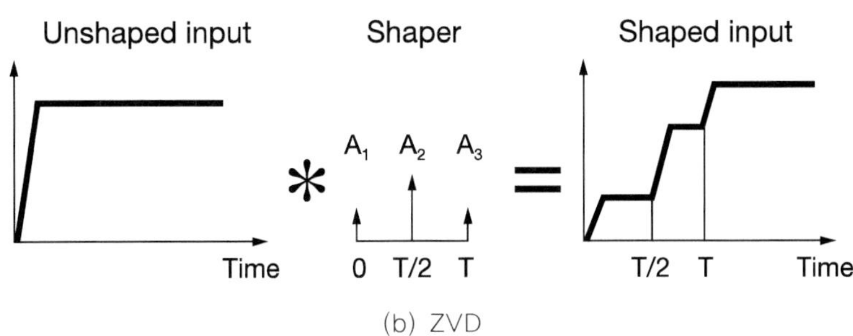

(b) ZVD

그림 5.2 ZV와 ZVD 입력성형기의 적용

5.3 기본적인 입력성형기 설계 방법

대상 시스템의 고유진동수를 ω_n, 감쇠비를 ζ라 하고, 시스템에 n개의 임펄스를 시차를 두고 가한 경우의 잔류진동은 식(5.1)과 같이 표현할 수 있다.

$$V(\omega_n, \zeta) = e^{-\zeta\omega_n t_m}\sqrt{C(\omega_n, \zeta)^2 + S(\omega_n, \zeta)^2} \tag{5.1}$$

여기서

$$C(\omega_n, \zeta) = \sum_{i=1}^{m} A_i e^{\zeta\omega_n t_i}\cos(\omega_d t_i),\ S(\omega_n, \zeta) = \sum_{i=1}^{m} A_i e^{\zeta\omega_n t_i}\sin(\omega_d t_i)$$

또 A_i는 i번째 임펄스의 크기이고, t_i는 i번째 임펄스의 입력시간이다. m은 임펄스 열의 임펄스 개수를 나타낸다. 또, $\omega_d = \omega_n \sqrt{1-\zeta^2}$ 는 감쇠고유진동수(Damped natural frequency)이다.

잔류진동을 제거하기 위해서는 잔류진동을 표현한 식(5.1)이 0이 되면 된다. 이렇게 획득된 성형기를 ZV 성형기(ZV input shaper)라 하며, 시간영역에서 식(5.2)와 같이 표현된다.

$$I(t) = A_1\delta(t) + A_2\delta(t - 0.5\,T_d) \tag{5.2}$$

여기서

$$A_1 = \frac{1}{1+K},\ A_2 = \frac{K}{1+K},\ K = \exp\left(\frac{\zeta\pi}{\sqrt{1-\zeta^2}}\right)$$

그리고 T_d는 고유진동주기(Natural vibration period)로서 $T_d = \dfrac{2\pi}{\omega_d}$ 이다.

ZV 성형기는 2개의 임펄스가 진동주기의 반에 해당하는 시간간격을 가지고 순차적으로 나열된 것이다. ZV 성형기를 실제 시스템에 적용하기 위한 간략한 개념도를 그림 5.3에 보이고 있다. 시스템에 인가되는 입력이 계단입력이라 가정하면 계단입력과 ZV 성형기에 대한 컨볼루션 과정을 통해 최종적으로 수정된 명령을 생성할 수 있다. 그림에서 볼 수 있는 바와 같이 최초의 계단입력에 입력성형기법을 적용함으로써 두 개의 계단으로 나누어진 명령으로 수정된다.

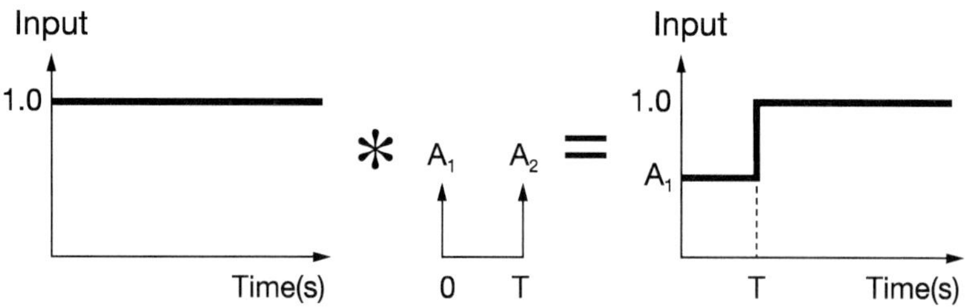

그림 5.3 ZV 입력성형기에 의한 단위계단입력 수정

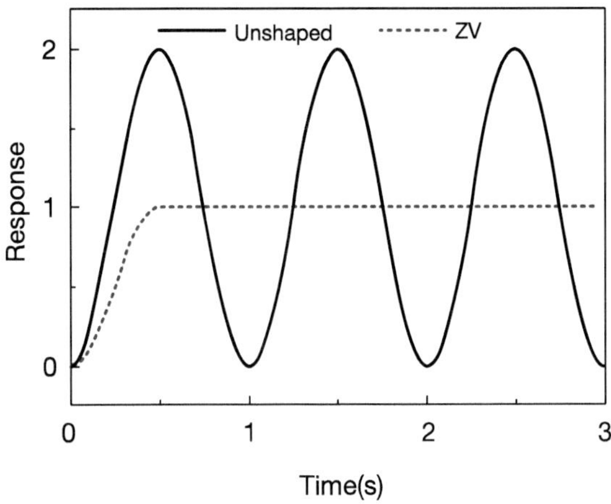

그림 5.4 단위 계단입력과 ZV성형 입력에 대한 응답 비교

그림 5.4는 입력성형기법을 적용하기 전과 후의 명령이 잔류진동에 미치는 영향에 대해 시뮬레이션 한 결과를 나타낸 것이다. 시뮬레이션에 사용된 시스템의 고유진동수는 1Hz이고 비감쇠이다. 입력성형기법을 적용하지 않는 응답을 보여주는 실선은 잔류진동이 1s인 진동주기를 가지고 있다. 반면, 잔류진동을 제거하기 위해 입력성형기법을 적용한 응답을 보여주는 점선은 진동주기의 반에 해당하는 0.5s 이후부터는 잔류진동이 제거됨을 알 수 있다.

그림 5.5는 입력성형기법을 적용함에 있어 입력성형기 설계 시 사용되는 고유진동수의 오차가 잔류진동에 미치는 영향에 대해 계산한 결과를 나타낸 것이다. 그림 5.5(a)는 잔류진동의 고유진동수와 입력성형기 설계를 위해 사용된 고유진동수가 완전하게 일치할 경우에 대한 응답을 나타내었다. 사용된 입력성형기는 ZV, ZVD, ZVDD(Zero vibration and double derivative)이다. ZV 성형기는 2개의 임펄스로 구성이 되어 있지만, ZVD 성형기는 3개, ZVDD는 4개의 임펄스로 구성되어 있다. 그림 5.5(a)에서 보여지는 결과와 같이 실제 고유진동수와 입력성형기의 고유진동수가 일치한 경우에는 입력성형기의 종류에 상관없이 잔류진동이 효과적으로 제거됨을 알 수 있다.

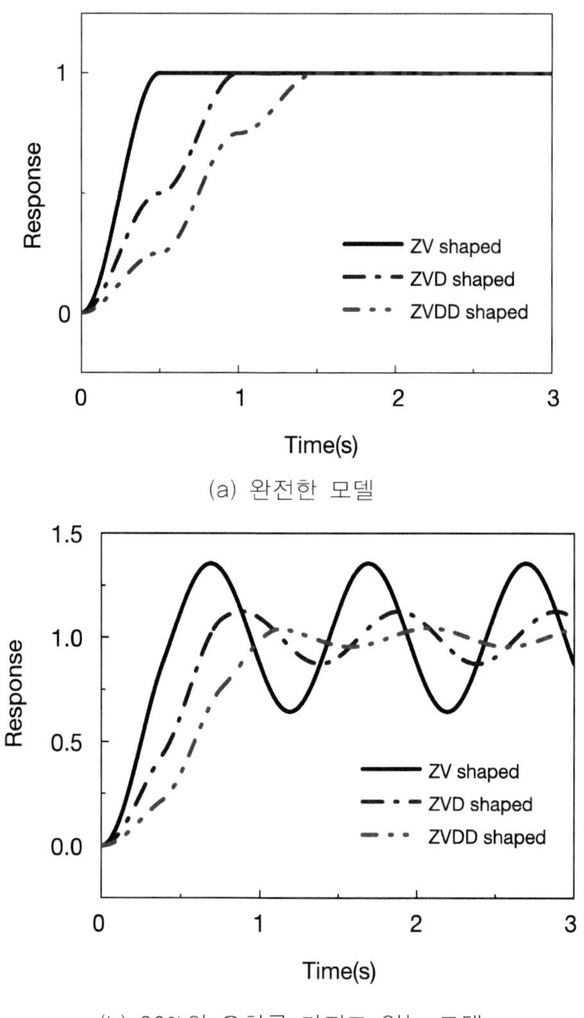

(a) 완전한 모델

(b) 30%의 오차를 가지고 있는 모델

그림 5.5 시스템 정보를 정확히 알고 있는 경우와 오차가 있는 경우의 응답 비교

그림 5.5(b)는 실제 고유진동수와 입력성형기의 고유진동수의 오차가 30%일 때의 응답을 보여주고 있다. 그림 5.5(a)에 비해 잔류진동 제거 효과가 좋지 않음을 알 수 있다. 하지만, ZVD 성형기의 경우 고유진동수의 오차에도 불구하고 대체로 잔류진동이 잘 제거됨을 알 수 있다. 이것은 입력성형기의 임펄스 개수가 증가할수록 고유진동수 오차에 덜 민감함을 보여주는 것이다. 그러나 그림에서 확인할 수 있는 바와 같이 ZVD나 ZVDD의 경우 ZV

를 사용한 경우보다 시스템 응답이 늦어지게 된다.

그림 5.6은 입력성형기 설계에 사용되는 인자들의 변화에 대한 진동발생률을 3차원으로 표현한 것이다. X축은 모델의 고유진동수 비(ω_n/ω_m)를 나타낸 것이고, Y축은 감쇠비 그리고 Z축은 진동발생률(Vibration percentage)을 나타낸 것이다. ω_n는 시스템의 실제 고유진동수이고, ω_m는 입력성형기 설계에 사용된 고유진동수이다. 고유진동수 비가 1일 경우 모델의 고유진동수와 실제 시스템의 고유진동수가 일치하는 경우이다. 여기서는 감쇠비 0.1을 기준으로 하였다. 이 값을 기준으로 진동발생률의 범위를 제한할 수 있도록 고유진동수와 감쇠비의 값을 조정하여 입력성형기를 설계하면 된다. 통상적으로 입력성형기법을 사용함에 있어 진동발생률이 일정비율 이내(대체로 5%)가 되도록 입력성형기를 설계하게 된다.

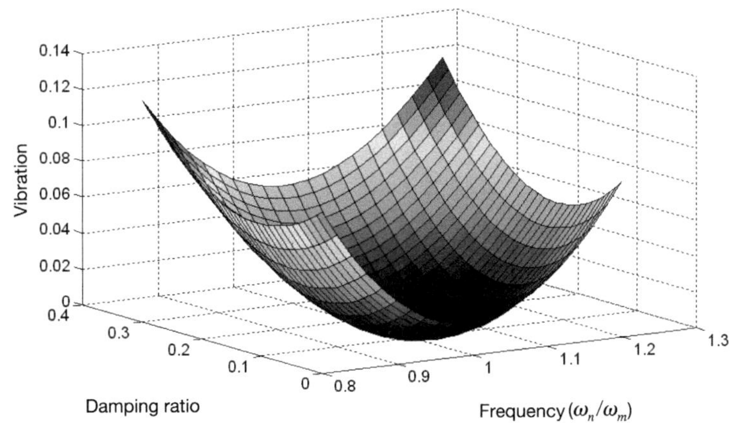

그림 5.6 ZVD 입력성형기의 감쇠비 및 고유진동수 오차에 대한 진동발생 민감도

CHAPTER

06

입력성형기의 설계 및 오차 민감도

6.1 개요

입력성형기는 고유진동수와 감쇠비에 대한 정보에 의해 설계된다. 고유진동수와 감쇠비에 대한 정보가 정확하지 않게 되면 입력성형에 의해 완전한 진동 제거가 되지 않게 된다. 앞 절에서 고려하였던 ZV, ZVD, ZVDD 등은 고유진동수에 대한 오차에 상관없이 입력성형기를 적용한 경우 적용하지 않은 경우보다 잔류진동이 더 적게 발생하게 된다. 그러나 다음 절에 소개할 특수 목적의 입력성형기에서는 극단적인 경우 입력성형기를 적용하지 않은 경우보다 더 큰 진동이 발생할 수도 있다. 이 장에서는 입력성형기의 결정방법과 입력성형기 설계에 있어 이와 같은 모델링 오차에 대한 민감도 및 민감도를 개선하는 방법에 대해 검토하도록 한다.

6.2 일반적인 입력성형기 설계방법

일반적인 입력성형기는 다음과 같이 서로 다른 시간 간격을 갖는 m개의 임펄스들의 조합으로 나타낼 수 있다.

$$I_m(t) = A_0\delta(t-t_0) + A_1\delta(t-t_1) + \ldots + A_{m-1}\delta(t-t_{m-1}) \tag{6.1}$$

여기에서 $A_k, k=0,1,\ldots,m-1$는 k번째 임펄스 크기(Impulse amplitude)이며, t_k, $k=0,1,\ldots,m-1$는 k번째 임펄스의 시간이다. $t_{k-1} < t_k$, $k=1,2,\ldots,m-1$의 관계가 성립하여야 하며, 첫 번째 임펄스의 작용시간을 0으로 두면 편리하다. 식(6.1)을 라플라스 변환하면 다음의 식을 얻는다.

$$I_m(s) = A_0 + A_1e^{-t_1s} + A_2e^{-t_2s}\ldots + A_{m-1}e^{-t_{m-1}s} \tag{6.2}$$

주어진 시스템의 전달함수를 $G(s)$, 기준입력명령을 $U(s)$라 하면, 식(6.2)와 같이 주어진 입력성형기가 있을 경우 응답은 다음과 같이 쓸 수 있다.

$$Y(s) = G(s)U(s)I_m(s) = G(s)I_m(s)U(s) \tag{6.3}$$

만일 $I_m(s)$의 영점이 전달함수 $G(s)$의 극점과 일치한다면 시스템의 응답에서 오실레이션은 없어지게 된다.

대상시스템이 n개의 모드를 갖는다고 가정하고 입력성형을 적용할 대상시스템의 극점을 다음과 같이 가정한다.

$$s_k = \sigma_k + j\omega_k = -\zeta_k\omega_{ok} + j\omega_{ok}\sqrt{1-\zeta_k^2}, \quad k = 1,2,\ldots,n \tag{6.4}$$

따라서 식(6.2)의 $I_m(s)$는 시스템의 극점을 영점으로 가져야 한다. 즉,

$$I_m(s_k) = 0, \quad k = 1,2,\ldots,n \tag{6.5}$$

식(6.5)는 각각 복소 비선형 방정식으로서 총 $2n$개의 식으로 구성되어 있다. 한편, 입력성형기에 의해 변경된 입력에 의한 응답의 최종값에 변화가 없도록 임펄스 크기의 합을 1로 두면 다음의 식이 성립한다.

$$I_m(0) = A_0 + A_1 + A_2 + \ldots + A_{m-1} = 1 \tag{6.6}$$

따라서 식의 총 개수는 $2n+1$이 되며, 구해야 할 미지수의 개수가 $2m-1$개이므로 유일해가 존재하기 위해서는 $m = n+1$이어야 함을 알 수 있다. 일반적으로 식(6.5)와 (6.6)으로부터 다음과 같은 식을 얻을 수 있다.

$$\begin{bmatrix} 1 & 1 & \cdots & 1 \\ 1 & e^{-s_1 t_1} & \cdots & e^{-s_1 t_{m-1}} \\ . & . & \cdots & . \\ 1 & e^{-s_n t_1} & \cdots & e^{-s_n t_{m-1}} \end{bmatrix} \begin{Bmatrix} A_0 \\ A_1 \\ . \\ A_{m-1} \end{Bmatrix} = \begin{Bmatrix} 1 \\ 0 \\ . \\ 0 \end{Bmatrix} \tag{6.7}$$

식(6.7)은 $t_k, k = 1,2,\ldots,m-1$, $A_k, k = 0,1,2,\ldots,m-1$의 미지수로 이루어진 복소 비선형행렬방정식이다. 식(6.7)을 풀기 위한 해법은 m과 $n+1$의 조건에 따라 다양할 수 있으나 $m = n+1$인 경우 아래와 같은 정의를 통해 비선형 방정식을 풀 수 있다.

$$norm(\epsilon) = norm\left(\begin{bmatrix} 1 & 1 & \cdots & 1 \\ 1 & e^{-s_1 t_1} & \cdots & e^{-s_1 t_n} \\ . & . & \cdots & . \\ 1 & e^{-s_n t_1} & \cdots & e^{-s_n t_n} \end{bmatrix} \begin{Bmatrix} A_0 \\ A_1 \\ . \\ A_n \end{Bmatrix} - \begin{Bmatrix} 1 \\ 0 \\ . \\ 0 \end{Bmatrix}\right) \tag{6.8}$$

즉, 식(6.8)의 Norm을 0으로 하도록 미지변수의 값을 결정하면 원하는 결과를 얻을 수 있다. 한편, $m \le n+1$인 경우는 식의 개수가 미지변수의 개수보다 많아지는 경우로서, 엄밀해는 존재하지 않으며, 식(6.8)의 값을 최소화하는 방식으로 해를 구할 수 있다. 반대로, $m \ge n+1$인 경우에는 식(6.8)을 0으로 할 수 있는 해가 무수히 많게 되므로 추가적인 제한조건을 도입할 필요가 있다.

6.3 단일 모드 시스템의 입력성형기 설계

단일 모드 시스템의 경우 $m = n+1 = 2$로 하면, 식(6.7)에서 다음과 같은 식을 얻을 수 있다.

$$\begin{aligned} A_0 + A_1 &= 1 \\ A_0 + e^{-s_1 t_1} A_1 &= 0 \end{aligned} \tag{6.9}$$

식(6.9)에서 A_0를 소거하면 다음의 식을 얻는다.

$$A_1 = \frac{1}{1 - e^{-s_1 t_1}} \tag{6.10}$$

임펄스의 크기는 실수이므로 식(6.10)으로부터

$$e^{-s_1 t_1} = e^{-\bar{s}_1 t_1}$$

또는

$$e^{(-\zeta\omega_n + j\omega_d)t_1} = e^{(-\zeta\omega_n - j\omega_d)t_1} \tag{6.11}$$

여기서 $s_1 = -\zeta\omega_n + j\omega_d$, $\omega_d = \omega_n\sqrt{1-\zeta^2}$ 이다. 식(6.11)로부터

$$\sin\omega_d t_1 = 0 \tag{6.12}$$

식(6.12)를 만족하는 시간의 최소값을 구하면 아래와 같다.

$$\omega_d t_1 = \pi \tag{6.13}$$

따라서 시간은 반주기에 위치하게 된다. 식(6.13)을 식(6.9), (6.10)에 대입하여 다음 결과를 얻을 수 있다.

$$A_0 = \frac{e^{-\frac{\zeta\omega_n}{\omega_d}\pi}}{1+e^{-\frac{\zeta\omega_n}{\omega_d}\pi}} = \frac{e^{\frac{\zeta\pi}{\sqrt{1-\zeta^2}}}}{1+e^{\frac{\zeta\pi}{\sqrt{1-\zeta^2}}}} = \frac{e^{\delta/2}}{1+e^{\delta/2}} \tag{6.14}$$

$$A_1 = \frac{1}{1+e^{-\frac{\zeta\omega_n}{\omega_d}\pi}} = \frac{1}{1+e^{\frac{\zeta\pi}{\sqrt{1-\zeta^2}}}} = \frac{1}{1+e^{\delta/2}} \tag{6.15}$$

여기서 δ은 대수감소분(Logarithmic decrement)으로서 다음과 같이 정의된다.

$$\delta = \frac{2\pi\zeta}{\sqrt{1-\zeta^2}} \tag{6.16}$$

그림 6.1은 임펄스와 대수감소분과의 관계를 보여주고 있다.

한편, 시스템의 고유모드에 대한 정보가 부정확한 경우에는 입력성형기가 시스템의 극점에 의한 효과를 완전히 상쇄하지 못하게 되어 잔류진동이 발생한다. 이 특성은 주파수의 차이에 따른 입력성형기의 절대값 선도를 확인함으로서 쉽게 알아볼 수 있다. 그림 6.2는 주파수 변화에 따른 입력성형기의 절대값 선도이다.

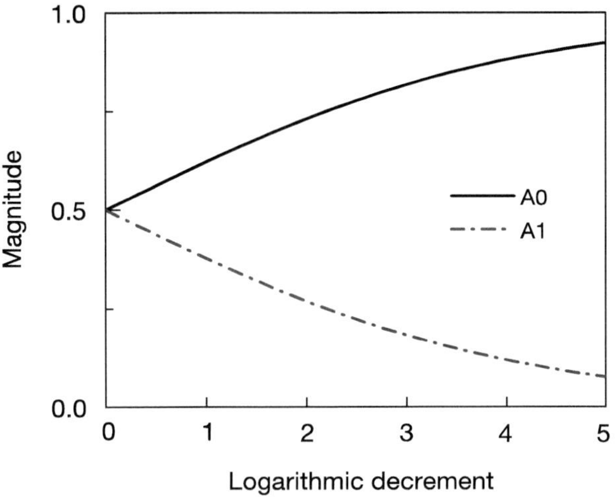

그림 6.1 대수감소분과 임펄스 크기의 관계

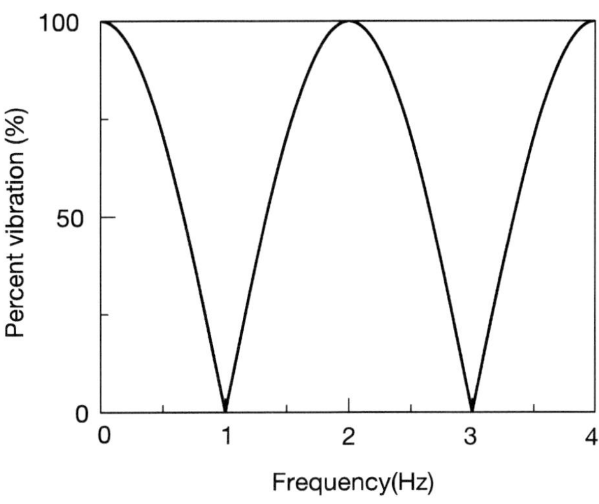

그림 6.2 주파수 오차에 따른 입력성형기 절대값의 변화: 비감쇠 1Hz 입력성형기

6.4 단일 모드 시스템에서의 강건한 입력성형기 설계

모드의 개수가 2개인 경우 $m = n + 1 = 3$으로 두면 식(6.1)은 다음과 같이 표현된다.

$$I_3(t) = A_0\delta(t - t_0) + A_1\delta(t - t_1) + A_2\delta(t - t_2) \tag{6.17}$$

식(6.17)을 라플라스 변환하면 다음과 같다.

$$I_3(s) = A_0 e^{-st_0} + A_1 e^{-st_1} + A_2 e^{-st_2} \tag{6.18}$$

두 개의 모드가 $s_1 = s_2$인 중근이라고 하고 $t_0 = 0$으로 두면, 입력성형기를 설계를 위한 식(6.18)을 이용하여 다음의 관계식을 설정할 수 있다.

$$I_3(s_1) = A_0 + A_1^{-s_1t_1} + A_2 e^{-s_1t_2} = 0 \tag{6.19}$$

$$I_3'(s_1) = -t_1A_1e^{-s_1t_1} - t_2A_2e^{-s_1t_2} = 0 \tag{6.20}$$

입력성형기에 대한 크기 제한 조건을 다음과 같이 두기로 한다.

$$A_0 + A_1 + A_2 = 1 \tag{6.21}$$

따라서 식(6.19)~(6.21)을 만족하는 A_0, A_1, A_2를 구하면 원하는 입력성형기를 얻을 수 있다.

식(6.19)~(6.21)을 다시 쓰면,

$$\begin{bmatrix} 1 & 1 & 1 \\ 1 & e^{-s_1t_1} & e^{-s_1t_2} \\ 0 & t_1e^{-s_1t_1} & t_2e^{-s_1t_2} \end{bmatrix} \begin{Bmatrix} A_0 \\ A_1 \\ A_2 \end{Bmatrix} = \begin{Bmatrix} 1 \\ 0 \\ 0 \end{Bmatrix} \tag{6.22}$$

식(6.22)로부터 임펄스의 크기를 다음과 같이 결정할 수 있다.

$$A_0 = \frac{t_1 - t_2}{t_1 - t_2 - (t_1e^{s_1t_2} - t_2e^{s_1t_1})}$$

$$A_1 = \frac{t_2 e^{s_1 t_1}}{t_1 - t_2 - (t_1 e^{s_1 t_2} - t_2 e^{s_1 t_1})} \tag{6.23}$$

$$A_2 = -\frac{t_1 e^{s_1 t_2}}{t_1 - t_2 - (t_1 e^{s_1 t_2} - t_2 e^{s_1 t_1})}$$

임펄스의 크기는 실수이므로

$$A_0 = \overline{A_0}, A_1 = \overline{A_1}, A_2 = \overline{A_2} \tag{6.24}$$

식(6.24)로부터

$$\sin\omega_d t_1 = 0,\ \sin\omega_d t_2 = 0 \tag{6.25}$$

식(6.25)를 만족하는 최소 t_1, t_2를 구하면 다음과 같다.

$$t_1 = \frac{\pi}{\omega_d}, t_2 = \frac{2\pi}{\omega_d} \tag{6.26}$$

따라서 식(6.23)으로부터

$$A_0 = \frac{1}{1+e^{\zeta\omega_n t_2}+2e^{\zeta\omega_n t_1}} = \frac{1}{1+e^{-\frac{2\pi\zeta}{\sqrt{1-\zeta^2}}}+2e^{-\frac{\pi\zeta}{\sqrt{1-\zeta^2}}}}$$

$$\frac{1}{1+e^{-\delta}+2e^{-\delta/2}}$$

$$A_1 = \frac{2e^{\zeta\omega_n t_2}}{1+e^{\zeta\omega_n t_2}+2e^{\zeta\omega_n t_1}} = \frac{2e^{-\frac{2\pi\zeta}{\sqrt{1-\zeta^2}}}}{1+e^{-\frac{2\pi\zeta}{\sqrt{1-\zeta^2}}}+2e^{-\frac{\pi\zeta}{\sqrt{1-\zeta^2}}}} \tag{6.27}$$

$$= \frac{2e^{-\delta}}{1+e^{-\delta}+2e^{-\delta/2}}$$

$$A_2 = \frac{e^{\zeta\omega_n t_1}}{1+e^{\zeta\omega_n t_2}+2e^{\zeta\omega_n t_1}} = \frac{e^{-\frac{\pi\zeta}{\sqrt{1-\zeta^2}}}}{1+e^{-\frac{2\pi\zeta}{\sqrt{1-\zeta^2}}}+2e^{-\frac{\pi\zeta}{\sqrt{1-\zeta^2}}}}$$

$$= \frac{e^{-\delta/2}}{1+e^{-\delta}+2e^{-\delta/2}}$$

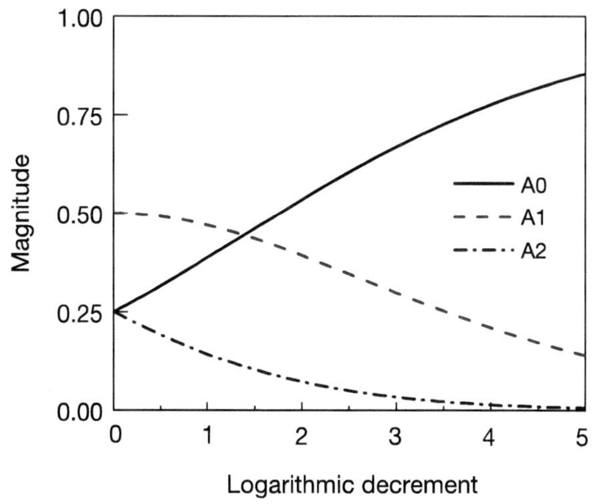

그림 6.3 중근을 갖는 경우의 임펄스 크기와 대수감소분의 관계

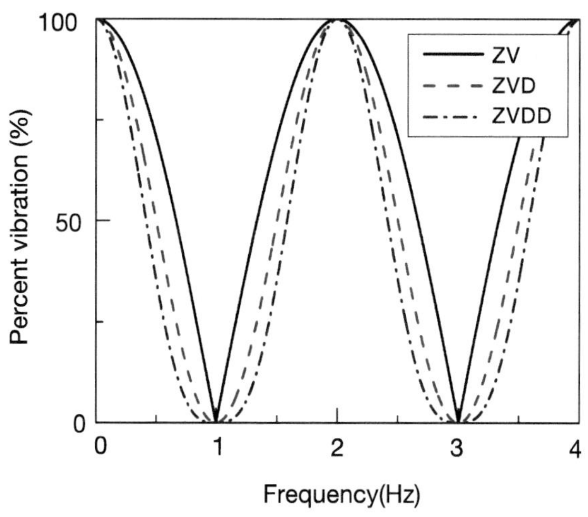

그림 6.4 단일 모드를 갖는 경우와 중근을 갖는 경우의 민감도 비교: 1Hz 비감쇠 입력성형기 기준

그림 6.3은 대수감소분과 임펄스 크기의 관계를 보여주고 있다. 그림 6.4는 비감쇠계에 대해 고유진동수 오차에 따른 잔류진동 응답의 크기를 보여주고 있다. 그림에서 확인할 수 있는 바와 같이 새로 얻어진 입력성형기는 단일 모드 입력성형기와는 달리 입력성형기가 설계된 주파수에서 민감도가 급격히 증가하지 않고 서서히 커짐을 알 수 있다. 이 같은 특성은 실제 시스템에 입력성형기법을 적용함에 있어 매우 유용하게 활용될 수 있다. 특히 고유진

동수의 값을 정확히 알기 어렵거나 운행 중에 고유진동수가 변할 경우에는 이 같은 강건성(Robustness)이 입력성형기법의 큰 장점이 될 수 있다. 그러나 강건성을 크게 만드는 것은 한편으로는 입력성형기의 지속시간을 증가시키게 된다. 입력성형기 지속시간의 증가는 일반적으로 시스템의 응답속도를 늦추는 효과가 발생하게 되므로 입력성형기를 적용하는 관점에서는 큰 단점이 될 수도 있다.

한편, 앞서 언급한 바와 같이 보다 더 큰 강건성을 갖는 입력성형기도 설계할 수 있는데, 간편한 방법으로는 삼중근을 갖도록 하는 경우로서 ZVDD라 하며, 그 이상 고차의 중근을 갖도록 하면 더욱 강건성이 커지게 된다. 다만 이미 앞에서도 언급한 바와 같이 강건성의 증가는 지속시간의 증가를 발생시키게 되므로 적절한 제한을 둘 필요가 있다. 표에는 세 가지 입력성형기를 고유진동수 및 감쇠비에 따른 설계식을 정리해서 보여주고 있다.

표 6.1 ZV, ZVD, ZVDD 성형기 비교

<table>
<tr><th>성형기</th><th colspan="4">임펄스 크기 및 시간</th></tr>
<tr><td rowspan="3">ZV</td><td colspan="2">$1/D$</td><td colspan="2">K/D</td></tr>
<tr><td colspan="2">0</td><td colspan="2">$T_d/2$</td></tr>
<tr><td colspan="4">$D=(1+K)$</td></tr>
<tr><td rowspan="3">ZVD</td><td>$1/D$</td><td colspan="2">$2K/D$</td><td>K^2/D</td></tr>
<tr><td>0</td><td colspan="2">$T_d/2$</td><td>T_d</td></tr>
<tr><td colspan="4">$D=(1+2K+K^2)$</td></tr>
<tr><td rowspan="3">ZVDD</td><td>$1/D$</td><td>$3K/D$</td><td>$3K^2/D$</td><td>K^3/D</td></tr>
<tr><td>0</td><td>$T_d/2$</td><td>T_d</td><td>$3T_d/2$</td></tr>
<tr><td colspan="4">$D=(1+3K+3K^2+K^3)$</td></tr>
</table>

$$K=\exp\left(\frac{-\zeta\pi}{\sqrt{1-\zeta^2}}\right)$$

CHAPTER

07

다모드 입력성형 기법

7.1 개요

실제 시스템은 많은 진동 모드를 가지게 되지만 대체로 가장 낮은 고유진동수를 갖는 한 개의 진동 모드가 성능에 가장 큰 영향을 미치게 된다. 따라서 대부분의 경우 성능에 가장 큰 영향을 미치는 한 개의 진동 모드를 제어함으로써 만족할 만한 결과를 얻을 수 있다. 하지만 시스템의 성능에 영향을 미치는 진동 모드가 2개 이상인 경우, 즉 다모드를 고려해야만 하는 경우 또한 많이 존재한다. 여기서는 다모드 계에서의 잔류진동 제거를 위한 입력성형기법을 설명하고자 한다.

2개 이상의 진동 모드를 고려해야 하는 다모드 입력성형에 적용할 수 있는 방법은 4가지로 나누어 볼 수 있다. 가장 잘 알려진 방법으로는 앞서 언급한 바와 같이 한 개의 모드에 대해 입력성형기를 설계하는 방법을 확장한 것으로써 합성 ZV성형기(Convolved ZV shaper)가 있다. 합성 ZV성형기는 개별 모드에 대한 입력성형기를 개별 모드별로 설계한 후 설계된 입력성형기들을 컨볼루션하여 다모드 입력성형기를 설계하는 방법이다. 하지만 합성 ZV성형기는 개별 모드에 대한 진동 제거에는 효과적이지만, 개별 모드에 대한 입력성형기들의 컨볼루션을 통해 얻어지므로 입력성형기의 지속시간(Duration time)이 상당히 증가하게 된다. 이로 인해 시스템의 응답속도가 느려지게 되고, 이는 성능에 영향을 미치는 주요 원인이 된다. 또한 입력성형기 자체가 복잡해지며 입력성형 과정에서 입력에 많은 변화가 있게 되는 단점이 있다.

다음으로 모든 진동 모드에 대해 구속 방정식을 설정하고 이를 동시에 풀어 성형기를 생성하는 방법이 있다. 이와 같은 방법으로 설계된 입력성형기를 동시적인 성형기(Simultaneous shaper)라고 한다. 이 방법은 초기에 제공하는 입력성형기 형태에 의해 영향을 받게 되지만 일반적으로 입력성형기의 지속시간이 앞에서 설명한 컨볼루션 방식의 입력성형기보다 짧아지도록 설계할 수 있다. 그렇지만 몇 가지 특별한 경우를 제외하고는 수치적인 최적화를 통해 얻어지므로 일반화가 어렵다는 문제가 있다.

SI 성형기(Specified insensitivity shaper)를 응용한 방법도 있다. SI 성형기는 제어하고자 하는 모드들의 주파수 또는 근접 주파수와 허용진동크기를 구속조건으로 두어 입력성형기를 결정한다. 이 방법은 고려대상 모드의 수와 상관없이 진동허용치를 제한하는 주파수의 수에 영향을 받게 되며 대상 시스템의 고유진동수를 정확히 알 수 있는 경우에는 비효율적인 방법이 될 수도 있다. 허용진동크기는 일반적으로 제어대상 모드의 진동크기가 입력성형기법을 적용하지 않은 경우를 기준으로 5% 이내로 사용한다.

마지막으로 기존의 다모드 입력성형기들과 달리 다모드 입력성형기를 직접 설계하는 방법이 있다. 기존 컨볼루션 방식의 다모드 입력성형기 설계 방법에서는 모드당 두 개의 임펄스를 추가하는 방식으로 설계되었으나, 이 방법은 모드당 1개의 임펄스를 추가하는 방식으로 수식화하여 설계변수를 최소화한 형식이다. 제안된 이론식에 의하면 주어진 조건에 따라 다모드를 위한 여러 가지 입력성형기를 설계할 수 있으며 일반화가 가능하다.

이 장에서는 널리 사용되고 있는 합성 ZV성형기와 다모드 입력성형기 직접 설계방법을 소개하였다. 특히 다모드 입력성형기를 설명하기 위해 2 모드 시스템에 대한 여러 가지 입력성형기를 설계하고 시뮬레이션 및 실험을 통해 그 특성을 예시하였다.

7.2 합성 ZV 다모드 입력성형기법

여러 개의 모드가 고려되어야 하는 경우에도 단일 모드에 대한 입력성형기를 활용하여 비교적 손쉽게 입력성형기를 도입할 수 있다. 그림 7.1은 기존 연구에서 제시한 다모드 시스템의 진동을 제어하기 위한 입력성형기를 생성하는 방법을 나타낸 것이다. 여기에 사용된 입력성형기는 ZV이며, 두 개의 임펄스를 가지고 있다. 각각의 모드에 따라 설계된 입력성형기를 각각 $I^{\alpha}(s)$, $I^{\beta}(s)$라 하면 다음과 같이 쓸 수 있다.

$$I^{\alpha}(s) = A_0^{\alpha} + A_1^{\alpha} e^{-\Delta_1 s} \tag{7.1}$$

$$I^{\beta}(s) = A_0^{\beta} + A_1^{\beta} e^{-\Delta_2 s} \tag{7.2}$$

여기서 $\Delta_1 = \pi/\omega_1$, $\Delta_2 = \pi/\omega_2$로 표현된다. 각각의 입력성형기는 해당 진동 모드에 따라 설계되었으므로 대응이 되는 고유치를 영점으로 갖는다. 따라서 두 입력성형기를 곱해서 얻어지는 입력성형기는 대상 시스템의 2개 극점 모두를 상쇄할 수 있다. 즉, 다음과 같은 입력성형기를 이용하면 두 개의 모드를 갖는 시스템에 대해 입력성형을 동시 적용할 수 있다.

$$I^{\alpha+\beta}(s) = I^{\alpha}(s) I^{\beta}(s) \tag{7.3}$$

즉, 2-모드 입력성형기는 두 개의 입력성형기 $I^{\alpha}(s)$, $I^{\beta}(s)$를 컨볼루션함으로써 생성할 수 있다. 이렇게 생성된 입력성형기의 지속시간은 두 개의 입력성형기 지속시간의 합과 같다. 따라서 다모드 시스템의 진동을 제어하기 위해 그림 7.1과 같은 입력성형기 설계방법을 이용할 경우 시스템의 상승시간(Rise time)이 불가피하게 증가하게 된다.

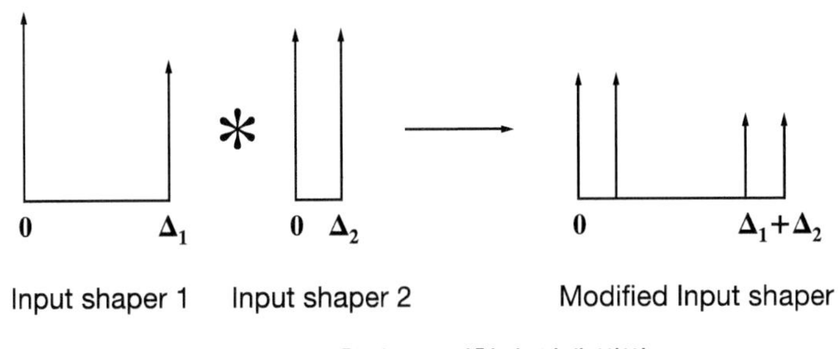

그림 7.1 2 합성 ZV 성형기 설계 방법:
단일 모드 입력성형기를 이용하여 2 모드 입력성형기를 만드는 방법 예시

고려해야할 모드가 3개 이상인 경우에도 앞서 기술한 방식과 같이 개별적으로 설계된 입력성형기를 컨볼루션하는 방식으로 얻을 수 있다. 그러나 모드의 수가 많아지면 임펄스의 수가 2^n이 되어 크게 많아지며 상승시간까지 증가하게 되면서 실제적 응용에 제한이 있게 된다.

7.3 최소 임펄스를 갖는 다모드 입력성형기법

여기서는 임펄스의 개수와 상승시간을 줄이면서 다모드 시스템의 잔류진동을 효과적으로 제거할 수 있는 입력성형기를 고려한다. 다모드 입력성형기의 임펄스 개수는 $n+1$개이다. 단, n은 고려대상이 되는 진동 모드의 개수이다.

다모드 시스템에 대한 입력성형기는 6장에서 논의한 바와 같이 다음과 같은 임펄스들의 조합으로 나타낼 수 있다.

$$I_n(t) = A_0\delta(t-t_0) + A_1\delta(t-t_1) + \ldots + A_n\delta(t-t_n) \tag{7.4}$$

여기에서 $A_k, k=0,1,2,\ldots$는 k번째 임펄스 크기(Impulse Amplitude)이며, t_k, $k=0,1,\ldots,n$는 k번째 임펄스의 시간이다. $t_{k-1} < t_k$, $k=1,2,\ldots,n$의 관계가 성립하여야 하며, 첫번째 임펄스의 작용시간을 0으로 두면 편리하다.

식(7.4)를 라플라스 변환하고 입력성형기가 만족해야 할 조건을 대입하면 다음과 같은 식을 얻는다.

$$\begin{bmatrix} 1 & 1 & \cdots & 1 \\ 1 & e^{-s_1 t_1} & \cdots & e^{-s_1 t_n} \\ . & . & \cdots & . \\ 1 & e^{-s_n t_1} & \cdots & e^{-s_n t_n} \end{bmatrix} \begin{Bmatrix} A_0 \\ A_1 \\ . \\ A_n \end{Bmatrix} = \begin{Bmatrix} 1 \\ 0 \\ . \\ 0 \end{Bmatrix} \tag{7.5}$$

따라서 식(7.5)로 주어지는 비선형방정식을 풀면 다모드에 대한 새로운 입력성형기 설계가 가능하다. 식(7.5)는 모드의 개수가 늘어나면 해석적 해를 구하기 어려워지므로 다음 절에 2개의 모드를 고려한 경우로 한정하여 해석적 해를 구함으로써 그 특성에 대해 설명하였다.

7.4 2개의 모드를 고려한 입력성형기

모드의 개수가 2개인 경우 식(7.4)는 다음과 같이 표현된다.

$$I_2(t) = A_0\delta(t-t_0) + A_1\delta(t-t_1) + A_2\delta(t-t_2) \tag{7.6}$$

식(7.6)을 라플라스 변환하면 다음과 같다.

$$I_2(s) = A_0 e^{-t_0 s} + A_1^{-t_1 s} + A_2 e^{-t_2 s} \tag{7.7}$$

두 개의 모드가 각각 s_1, s_2라는 극점으로 표현된다고 가정하고, 편의상 시작시간을 0이라 하여 $t_0 = 0$으로 두면, 입력성형기를 설계하기 위해 식(7.7)을 이용하여 다음의 관계식을 설정할 수 있다.

$$I_2(s_1) = A_0 + A_1^{-s_1 t_1} + A_2 e^{-s_1 t_2} = 0 \tag{7.8}$$

$$I_2(s_2) = A_0 + A_1^{-s_2 t_1} + A_2 e^{-s_2 t_2} = 0 \tag{7.9}$$

입력성형기에 대한 크기 제한 조건을 다음과 같이 두기로 한다.

$$A_0 + A_1 + A_2 = 1 \tag{7.10}$$

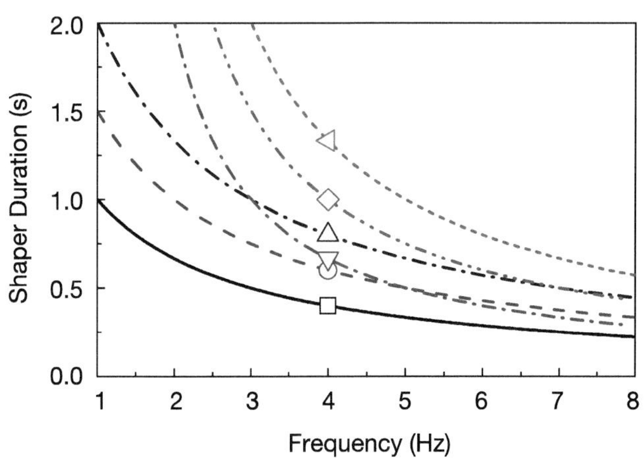

그림 7.2 여러 가지 다모드 입력성형기의 지속시간

따라서 식(7.8)~(7.10)을 만족하는 A_0, A_1, A_2를 구하면 원하는 입력성형기를 얻을 수 있다. 그림 7.2와 7.3은 이와 같은 설계조건을 이용하여 두 개의 진동 모드(1Hz와 4Hz)를 가지는 다모드 시스템에 대해 결정한 입력성형기를 나타낸 것이다. 그림 7.2에서 나타난 것과 같이 두 개의 진동 모드를 가지는 시스템에 대해 여러 개의 입력성형기가 활용 가능함을 알 수 있다. 여기서 입력성형기의 주기는 각각 0.4s, 0.6s 그리고 0.8s이다.

그림 7.3은 그림 7.2의 결과를 바탕으로 실제로 설계된 입력성형기를 나타낸 것이다. 두 개의 진동 모드를 위해 사용되는 전통적인 입력성형기는 4개의 입력 임펄스를 가지고 있지만, 여기서 제공하는 입력성형기는 그림 7.3에서 보여지는 것과 같이 3개의 입력 임펄스를 가지고 있다. 따라서 1Hz와 4Hz를 가지는 다모드에서 그림 7.1과 같은 방법으로 입력성형기를 설계하게 되면 입력성형기의 주기가 대략 0.75s 정도 된다. 입력성형기의 지속시간이 가장 짧은(Short duration) 입력성형기의 두 번째 임펄스는 음의 값을 가지는 반면, 나머지 두 개의 입력성형기의 모든 임펄스는 양의 값을 가진다. 그리고 가장 짧은 지속시간을 갖는 입력성형기와 가장 긴 지속시간을 갖는(Long duration) 입력성형기는 균일한 임펄스 간 시간간격을 보이고 있지만, 중간의 지속시간(Medium duration)을 갖는 입력성형기는 시간 간격에 차이가 나는 독특한 방식의 결과임을 알 수 있다.

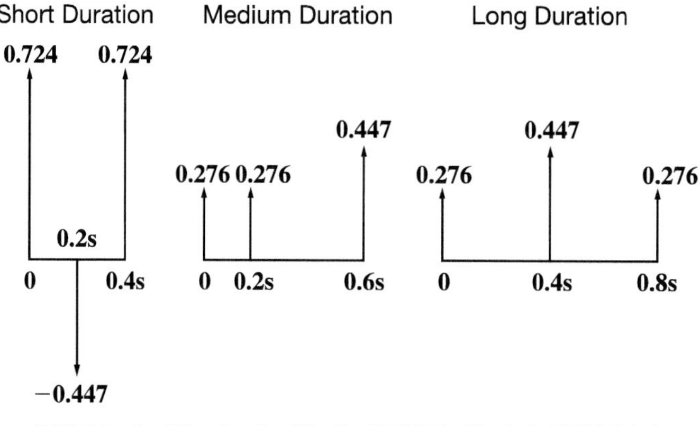

그림 7.3 f_1=1Hz, f_2=4Hz일 때 대표적인 세 가지 입력성형기

그림 7.4는 3가지 입력성형기에 대한 오차민감도 곡선을 비교해서 보여주고 있다. 지속시간이 가장 짧은 입력성형기의 오차민감도가 크게 나타나고 있음을 볼 수 있다. 결국 지속시간의 단축은 오차민감도의 증가를 유발할 수 있음을 보여주고 있다.

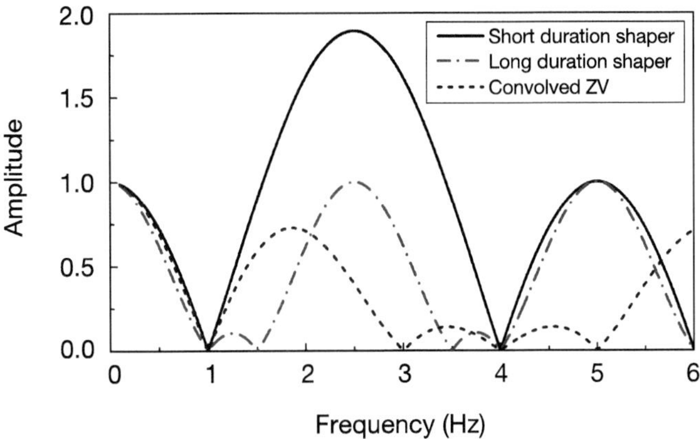

그림 7.4 f_1= 1Hz, f_2 = 4Hz일 때 대표적인 세 가지 입력성형기의 민감도 곡선

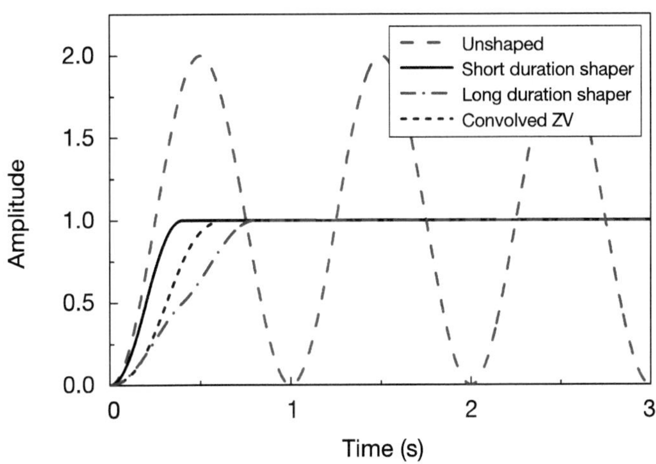

그림 7.5 f_1=1Hz, f_2=4Hz일 때 제안한 성형기(short duration)와 기존의 입력성형기 및 입력성형을 하지 않은 경우에 대한 비교

그림 7.5는 이 책에서 제안하는 새로운 입력성형기와 다른 입력성형기들에 대한 진동 응답을 비교하여 나타낸 것이다. 여기에 사용된 입력성형기는 임펄스의 시간간격이 가장 짧은 것이다. 잔류진동 제거의 효과는 컨볼루션 ZV(Convolved ZV)와 유사한 결과를 보이지만 상승시간은 가장 짧음을 알 수 있다.

7.5 실험 및 결과 검토

그림 7.6은 다모드 입력성형기의 검증을 위해 사용된 실험장치에 대한 개략도이다. 실험장치의 기본 구성은 서보계(Servo motors)로 구동이 되는 XY 스테이지가 정밀 볼스크루(Ball screw)를 통해 연결되어 있다. 작업 테이블 위에는 고유진동수를 임의로 조정할 수 있는 동일한 형상과 무게를 가진 질량체가 부착된 유연한 보 두 개가 고정되어 있다. XY 스테이지의 운동으로 인해 발생되는 유연한 막대의 진동을 측정하기 위해 작업 테이블 위에 레이저 스캔 마이크로미터(Laser scan micrometer)를 장착하여 사용하였다.

그림 7.6과 7.7은 유연한 두 보의 고유진동수를 각각 1Hz와 4Hz가 되도록 설정하고, XY 스테이지를 동작시키면서 입력성형기법을 적용한 경우와 그렇지 않은 경우에 대한 응답을 측정한 결과를 나타낸 것이다. 그림 7.7은 짧은 지속시간을 가지는 입력성형기를 사용한 결과를 나타낸 것이고, 그림 7.8은 지속시간이 가장 긴 입력성형기를 사용한 결과를 나타낸 것이다.

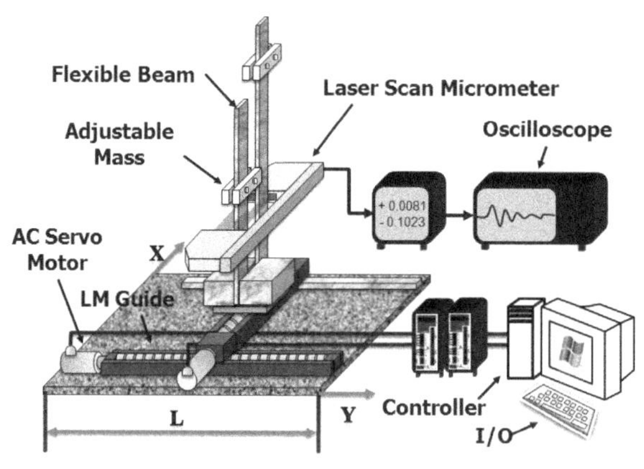

그림 7.6 다모드 입력성형기 실험장치

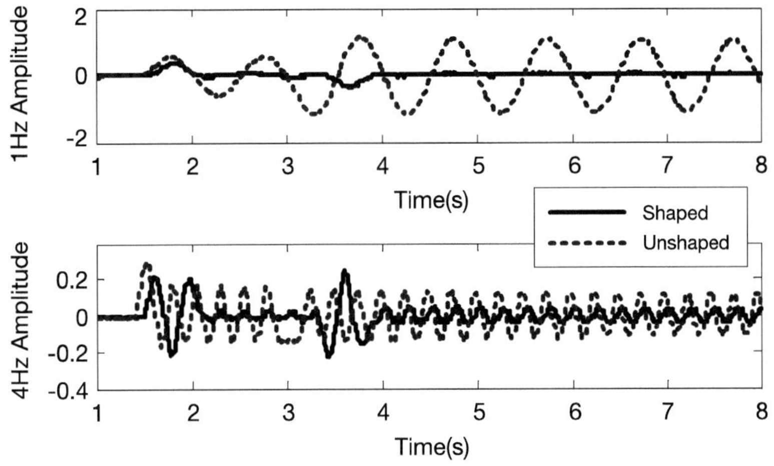

그림 7.7 가장 짧은 지속시간을 갖는 입력성형기에 의한 실험적 응답

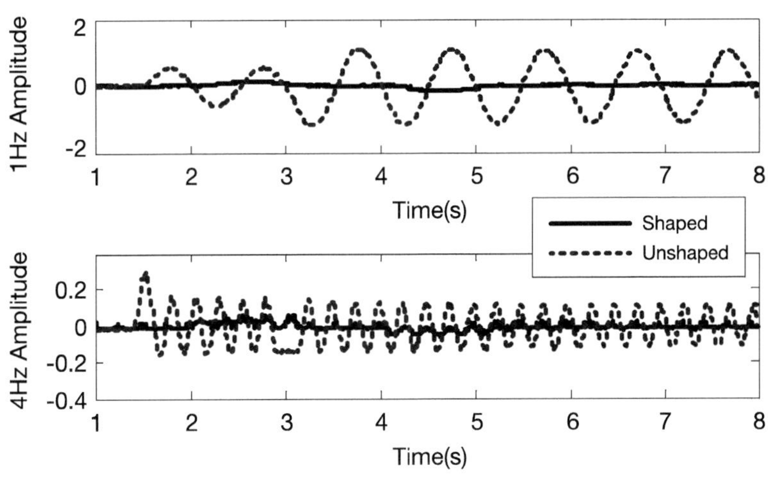

그림 7.8 긴 지속시간을 갖는 입력성형기에 의한 실험적 응답

그림 7.7과 7.8 모두 입력성형기법을 사용하지 않은 경우의 응답을 점선으로 나타내었고, 입력성형기법을 사용한 경우의 응답은 실선으로 나타내었다. 두 개의 진동 모드를 가지는 시스템에 대해 본 연구에서 새롭게 설계한 입력성형기가 잔류진동을 제거하는 데 효과적임을 알 수 있다. 또한 그림 7.7의 경우는 다모드 시스템의 진동을 효과적으로 제거를 하면서도 합성 ZV성형기보다 월등히 빠른 상승시간을 가진다. 이것은 시스템의 잔류진동을 효과적으로 제거하면서도 시스템의 성능저하에 영향을 크게 미치지 않음을 알 수 있다.

CHAPTER

08

특수한 입력성형기

8.1 개요

입력성형기법은 잔류진동을 제거하는 데 효과적이어서 다양한 산업용 기계류에 응용될 수 있는데, 잔류진동 제거라는 이익을 얻는 반면 응답속도의 지연이라는 손실이 발생한다. 특히 고유진동수 및 감쇠비에 대한 정확한 정보가 없는 경우에는 실효성이 떨어질 수 있다. 또한 앞서 설명한 입력성형기는 모두 입력크기에 대한 수정을 요구하게 되는데 본질적으로 입력크기를 변경할 수 없는 경우도 종종 발생하게 된다.

여러 연구자들에 의해 이와 같은 문제점을 보완할 수 있도록 대상 시스템의 특성에 맞는 입력성형기가 제시되었다. 여기서는 특성에 맞도록 선택할 수 있는 대표적인 2가지 입력성형기에 대해 설명하였다.

8.2 UM(Unity magnitude) 입력성형기

입력의 크기를 조절할 수 없고 On-off 형태로 시간조절만이 가능한 경우가 많이 있다. 예컨대 일반 산업용으로 많이 사용되고 있는 천정형 크레인의 경우 대부분 On-off형 모터로 구동되어 앞서 설명한 입력성형에서 요구되는 입력크기 변화에 대응할 수 없다. 이 같은 경우에 효과적으로 사용할 수 있는 입력성형기가 다음과 같이 표현되는 UM 성형기이다.

$$I_n(t) = \delta(t-t_0) - \delta(t-t_1) + \ldots + (-1)^n \delta(t-t_n) \tag{8.1}$$

특히 3개의 임펄스로 표현되는 다음과 같은 UMZV(Unity magnitude zero vibration) 성형기는 매우 실용적이다.

$$I_2(t) = \delta(t-t_0) - \delta(t-t_1) + \delta(t-t_2) \tag{8.2}$$

감쇠가 있는 시스템에 대해 임펄스의 시간은 다음과 같이 요약할 수 있다.

$$t_i / T = M_0 + M_1\zeta + M_2\zeta^2 + M_3\zeta^3,\ \ i = 0, 1, 2 \tag{8.3}$$

여기서 계수들은 감쇠비가 $0 \le \zeta \le 0.3$인 범위에서 0.5% 미만의 오차 조건에서 다음과 같이 근사화될 수 있다.

표 8.1 시간열 근사화 식의 계수

계수 \ 시간	M0	M1	M2	M3
t0	0	0	0	0
t1	0.16724	0.27242	0.20345	0
t2	0.33323	0.00533	0.17914	0.20125

이 입력성형기는 임펄스의 수가 1개 증가되는 대신, ZV 성형기에 비해 임펄스 지속시간이 작아지게 된다. 예컨대 감쇠가 없는 경우 ZV는 T/2인 반면, UMZV는 T/3이 된다. 지속시간의 감소는 일반적으로 민감도의 증가로 나타나게 되는데, 그림 8.1은 ZV, ZVD성형기와 UMZV 성형기의 민감도를 비교한 것이다.

ZV, ZVD 성형기들이 항상 100% 이내로 진동 크기가 제한되는 반면, UMZV의 경우 고유진동수 정보가 부정확하면 100% 이상이 될 수도 있다는 것을 보여주고 있다.

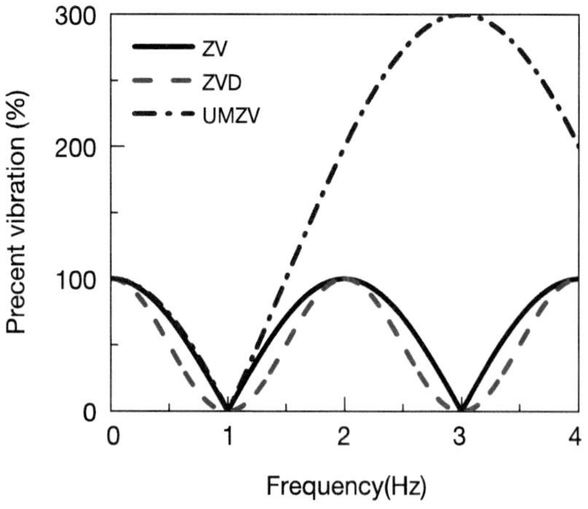

그림 8.1 ZV, ZVD, UMZV 성형기의 민감도 비교

8.3 EI(Extra-insensitive) 성형기

ZV 성형기의 강건성(Robustness)을 개선시키기 위해 ZVD 성형기를 도입하는 과정은 이미 5장에서 설명한 바 있다. 이 방법은 시스템의 고유진동수 부근에서의 민감도를 낮춤으로서 많은 시스템에 실용적으로 적용 가능하다. 그러나 실제적 관점에서 어느 정도의 진동을 허용한다고 가정하면 더욱 강건성을 개선할 수 있다. 예컨대 진동크기를 V (0에서 1 사이의 값으로 입력성형을 하지 않았을 때 1이 되고 고유진동수 정보가 정확할 때 0이 됨)만큼 허용한다고 하면 비감쇠계에 대해 다음과 같은 입력성형기를 사용할 수 있다.

$$I_2(t) = A_0\delta(t-t_0) + A_1\delta(t-t_1) + A_2\delta(t-t_2) \tag{8.4}$$

여기서

$$A_0 = \frac{1+V}{4},\ A_1 = \frac{1-V}{2},\ A_2 = \frac{1+V}{4}$$
$$t_0 = 0, t_1 = 0.5T, t_2 = T$$

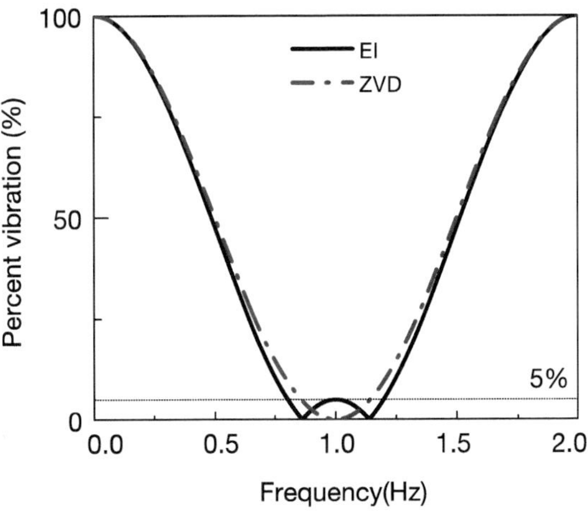

그림 8.2 ZVD와 EI 성형기의 비교

이와 같은 입력성형기를 사용하게 되면 그림 8.2와 같은 민감도 선도를 갖게 된다. 그림에는 ZVD 성형기의 민감도 선도를 같이 보여주고 있는데, 고유진동수 근처에서 어느 정도의 진동을 허용하는 대신 전체적으로 고유진동수 오차에 대한 둔감도가 크게 증가한 것을 볼 수 있다.

한편 그림에서 볼 수 있는 바와 같이 여기서 제시한 성형기는 민감도 선도에서 중앙에 돌출부(Hump)를 1개 가지고 있는데, 임펄스 개수를 증가시키면서 돌출부의 개수를 늘려갈 수 있게 되며 입력성형기의 강건성을 더욱 증가시킬 수 있다. 이를 복수의 돌출부 성형기(Multi-hump input shaper)라고 한다.

CHAPTER

09

가상모드 입력성형 기법

9.1 개요

입력성형기법은 잔류진동을 제거하는 데 효과적이나 잔류진동 제거라는 이익을 얻는 반면 응답속도의 지연이라는 손실이 발생한다. 반도체, LCD 생산공정 등 대단위, 고속 제조공정에서는 이송계에서의 이런 시간지연이 큰 결점으로 작용할 수 있다.

이 장에서는 진동시스템에서 발생하는 잔류진동을 효과적으로 제거하면서 응답속도를 개선할 수 있는 입력성형기 설계 방법을 소개하였다. 특히 여기서 설명하는 방법은 상승시간(Rise time)을 원하는 값으로 설정할 수 있는 방법이다. 이 입력성형기 설계방법은 제어하고자 하는 모드 외에 가상모드(Virtual mode)를 추가하여 다모드 입력성형기를 설계하는 것이다. 이때 설계자가 상승시간을 고려하여 가상모드를 설정함으로서 입력성형기의 지속시간을 결정할 수 있도록 한다. 여기서 사용된 다모드 입력성형기설계법은 7장에서 논의한 방법이다. 입력성형기를 결정하는 과정과 제안된 입력성형 방법의 특성을 평가하였다.

9.2 가상모드를 이용한 입력성형기 설계 개념

여기서 설명하고 있는 가상모드 개념은 기본적으로 다모드 입력성형기를 기반으로 하고 있다. 일반적인 다모드 입력성형기법에 의하면 고려하고 있는 모드별로 입력성형기를 결정한 후 이를 모두 컨볼루션해야 하기 때문에, 그 지속시간이 각 모드별 입력성형기 지속시간의 합이 된다. 따라서 지속시간이 증가하게 되며 입력성형의 적용에 의해 잔류진동은 제거할 수 있지만 상승시간이 증가하여 궁극적으로 시스템응답속도의 지연으로 전체적으로는 시스템 속도가 저하되는 결과를 가져올 수 있다.

2개 이상의 모드에 의한 진동을 효과적으로 제거하면서 지속시간을 줄이기 위한 방법들이 연구되었는데, 그중 하나가 7장에서 소개한 바와 같이 임펄스의 수를 최소화하여 지속시간을 줄이는 방법이다. 이 방법은 n개의 모드에 대하여 $n+1$개의 임펄스 열을 취하는 방법으로 주파수 대역별로 다양한 해를 구할 수 있는데, 특히 입력성형기의 지속시간에 관하여 의미 있는 결과를 얻을 수 있다.

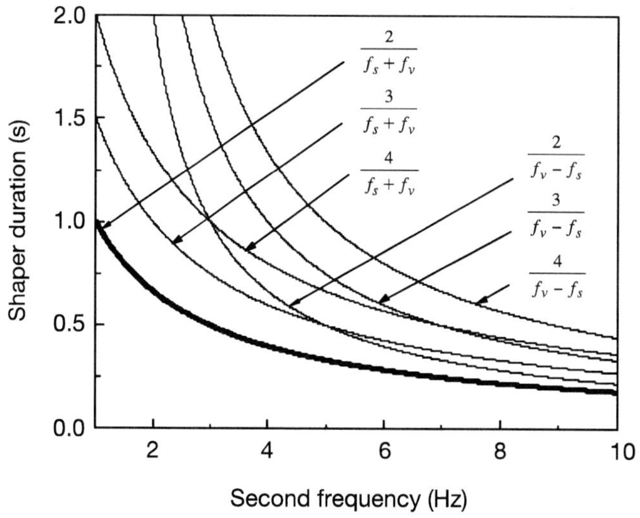

그림 9.1 2 모드 시스템에서 2차모드 주파수 변화에 따른 입력성형기 지속시간 변화(1차모드=1Hz)

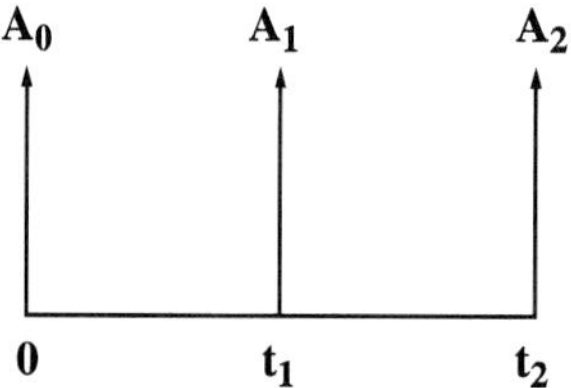

그림 9.2 입력성형기 임펄스의 크기와 위치

그림 9.1은 2개의 모드를 갖는 시스템에서 첫 번째 고유진동수를 1Hz로 두고 두 번째 고유진동수를 변화시킬 때 입력성형기 지속시간을 나타내었다. 계산에는 한 개의 비감쇠 모드만이 주된 진동 모드가 되는 경우로 한정하였으며, 그림 9.2에서 볼 수 있는 바와 같이 3개의 임펄스를 갖는 입력성형기를 고려하였다. 여기서는 입력성형기 지속시간의 최소화를 목표로 하고 있으므로 그림 9.1에서 굵은 선으로 나타낸 지속시간의 하한선($t=2/(f_s+f_v)$)에

주목하도록 한다.

그림에서 확인할 수 있는 바와 같이 두 번째 고유진동수가 증가할수록 입력성형기의 지속시간이 감소하게 되며, 특히 본 예제의 경우 두 번째 고유진동수가 3Hz를 넘게 되면 단일 모드에 대한 고전적인 입력성형기인 ZV 성형기보다 지속시간이 낮아짐을 확인할 수 있다. 가상모드는 이와 같이 2개의 모드를 고려한 경우가 단일 모드만을 고려한 경우보다 지속시간이 짧아질 수 있다는 점에 착안한다. 즉, 단일 모드 시스템에 실존하지 않는 가상의 두 번째 모드가 있다고 가정하여 입력성형기를 설계함으로써 입력성형기의 지속시간을 줄이는 방법이다. 이와 같이 도입된 가상모드의 고유주파수를 가상주파수라 정의하며, 이를 증가시키면 입력성형기의 지속시간을 줄일 수 있다. 따라서 가상주파수는 입력성형기 지속시간을 변경할 수 있는 설계변수가 된다.

9.3 비감쇠 입력성형기 설계 및 특성 검토

(1) 가상모드를 이용한 입력성형기 이론

가상모드를 이용한 입력성형기 설계에는 다모드 입력성형기 계산알고리즘을 필요로 한다. 여기서 사용한 다모드 입력성형기 설계기법은 7장에서 설명한 최소 임펄스를 갖는 다모드 입력성형기를 이용한다. 이미 소개한 바와 같이 가상모드를 포함한 2 모드 입력성형기 설계를 위한 식은 다음과 같이 쓸 수 있다.

$$\begin{bmatrix} 1 & 1 & 1 \\ 1 & e^{-t_2 s_1} & e^{-t_3 s_1} \\ 1 & e^{-t_2 s_2} & e^{-t_3 s_2} \end{bmatrix} \begin{Bmatrix} A_1 \\ A_2 \\ A_3 \end{Bmatrix} = \begin{Bmatrix} 1 \\ 0 \\ 0 \end{Bmatrix} \tag{9.1}$$

여기서 s_1은 실제모드의 고유치를, s_2는 가상모드의 고유치를 의미한다. 또, 그림 9.2에서 보인 바와 같이 t_2, t_3는 각각 두 번째와 세 번째 임펄스의 인가시간을 의미하며, t_3는 입력성형기 지속시간이 된다. 비감쇠 진동계로 한정하여 고유치를 다음과 같이 둔다.

$$s_1 = j2\pi f_s, s_2 = j2\pi f_v \tag{9.2}$$

여기서 f_s, f_v는 각각 실제주파수와 가상주파수이다.

식(9.1)에 식(9.2)를 대입하여 나오는 결과식을 실수부와 허수부로 나누면 다음과 같다.

$$\begin{bmatrix} 1 & 1 & 1 \\ 1 & \cos(2\pi f_s t_1) & \cos(2\pi f_s t_2) \\ 1 & \cos(2\pi f_v t_1) & \cos(2\pi f_v t_2) \end{bmatrix} \begin{Bmatrix} A_0 \\ A_1 \\ A_2 \end{Bmatrix} = \begin{Bmatrix} 1 \\ 0 \\ 0 \end{Bmatrix} \tag{9.3a}$$

$$\begin{bmatrix} 0 & 0 & 0 \\ 0 & \sin(2\pi f_s t_1) & \sin(2\pi f_s t_2) \\ 0 & \sin(2\pi f_v t_1) & \sin(2\pi f_v t_2) \end{bmatrix} \begin{Bmatrix} A_0 \\ A_1 \\ A_2 \end{Bmatrix} = \begin{Bmatrix} 0 \\ 0 \\ 0 \end{Bmatrix} \tag{9.3b}$$

식(9.3b)가 비당연해(Non-trivial solution)를 가질 조건에서

$$\begin{vmatrix} \sin(2\pi f_s t_1) & \sin(2\pi f_s t_2) \\ \sin(2\pi f_v t_1) & \sin(2\pi f_v t_2) \end{vmatrix} = 0 \tag{9.4}$$

식(9.4)는 두 개의 변수를 가지므로 일반해를 구하기 위해서는 추가적인 조건식이 필요하다. 여기서 임펄스 간 시간간격이 균일하다고 가정하자. 즉 $t_2 = 2t_1$라 두고, 식(9.4)에서 행벡터가 0이 되는 부정해조건(Indefinite condition)을 배제하여 정리하면 다음의 결과를 얻는다.

$$\cos(2\pi f_s t_1) = \cos(2\pi f_v t_1) \tag{9.5}$$

식(9.5)와 같은 조건을 만족하는 시간 t_1을 구하면 다음과 같다.

$$t_1 = \frac{m}{f_v \pm f_s}, \quad m = 1, 2, \ldots \tag{9.6}$$

또한, 식(9.6)을 식(9.3b)에 대입하여 다음과 같은 관계식을 얻을 수 있다.

$$A_1 = -2\cos(2\pi f_s t_1) A_2 \tag{9.7}$$

식(9.6)에서 최소시간 즉, $t_1 = \frac{1}{f_v + f_s}$ 을 식(7)과 식(3a)에 대입하면 다음과 같은 임펄스 크기를 얻을 수 있다.

$$A_0 = A_2 = \frac{1}{2(1-\cos 2\pi f_s^*)} \tag{9.8a}$$

$$A_1 = -\frac{\cos 2\pi f_s^*}{1-\cos 2\pi f_s^*} \tag{9.8b}$$

여기서

$$f_s^* = \frac{f_s}{f_s + f_v}$$

그림 9.3은 앞의 결과를 이용하여 구한 무차원 가상주파수와 입력성형기 무차원 최소지속시간의 관계를 보여주고 있다.

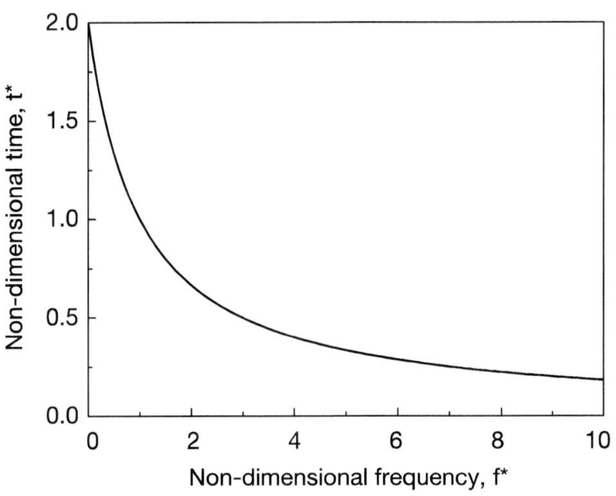

그림 9.3 무차원 주파수에 따른 무차원 입력성형기 지속시간의 변화

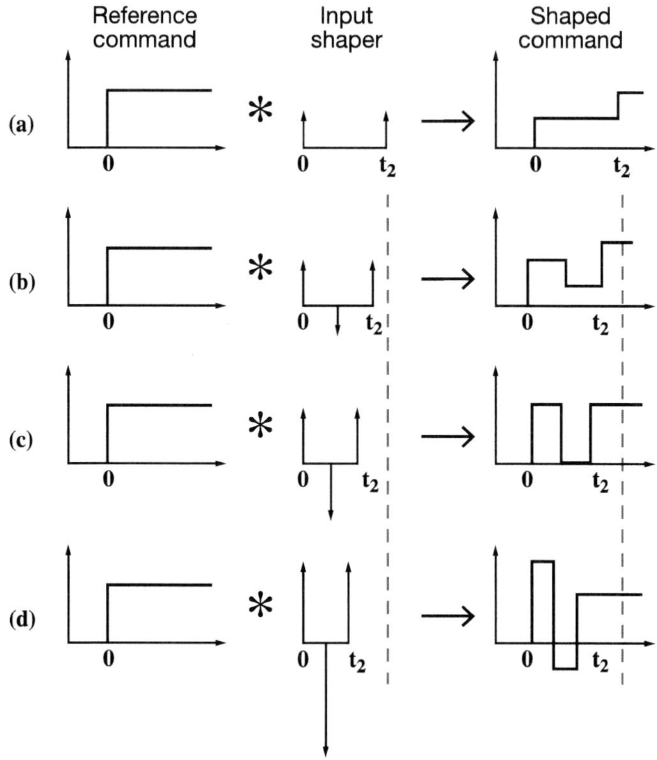

그림 9.4 가상입력성형기를 이용한 계단기준입력에 대한 성형된 입력

여기서 무차원 가상주파수 및 무차원 지속시간 f^*, t^*은 각각 다음과 같이 정의된다.

$$f^* = \frac{f_v}{f_s}, \quad t^* = f_s t_2 \tag{9.9}$$

그림 9.3을 이용하면 임의의 시스템 고유진동수에 대해 입력성형기 지속시간을 설정할 수 있게 된다. 한편 그림 9.4는 무차원 가상주파수의 증가에 따른 입력성형기 형태의 변화를 나타낸다. 그림 9.4(a)는 ZV 성형기에 해당되며 시스템의 반주기만큼 지속시간을 갖는다. 그림 9.4(b)부터 가상주파수가 증가하면서 두 번째 임펄스가 음의 방향으로 형성되고 입력성형기의 지속시간이 단축됨을 확인할 수 있다. 그림 9.4(c), (d)에서는 두 번째 임펄스의 크기가 음의 방향으로 증가하면서 지속시간이 더 단축되었다. 이와 같이 입력성형기에 음의 임펄스를 포함시키는 것은 양의 임펄스만 존재하는 입력성형기보다 더 효과적인 결과를 줄

수 있고 이 점은 입력성형기를 설계하는 데 있어 유용하다.

그림 9.3에서 확인한 바와 같이 가상모드 입력성형기 결정에 도입한 가상주파수가 증가할수록 입력성형기의 지속시간이 단축된다. 따라서 가상주파수는 입력성형 지속시간을 결정하는 설계변수로 이용할 수 있다. 일반적으로 단일 모드 입력성형에서 많이 쓰이는 ZV성형기는 시스템의 반주기만큼의 지속시간을 갖게 되는데 가상모드 입력성형기 설계방식에 의하면 $f^* = 3$ 의 관계가 성립될 때이다. 또한 $f^* = 5$일 때 가상모드 입력성형기는 UMZV 성형기와 그 결과가 같아지게 된다. 그 밖에도 $f^* = 1$일 때는 ZVD의 결과를 주게 된다. 이것은 시스템의 고유진동수가 중복인 경우로 취급됨으로써 얻어지는 결과이다.

이상 설명한 바와 같이, 여기서 소개한 설계방법은 기존의 단일 모드 입력성형기를 모두 포함하여 결과를 제공하게 되므로 더욱 유용하게 사용될 수 있다.

(2) 입력성형기 설계 및 특성

가상주파수가 시스템 고유진동수의 3배 이상으로 커지면 입력성형기 지속시간은 시스템에 대한 ZV성형기보다 단축되고 5배 이상에서 UMZV성형기보다 낮은 지속시간을 얻을 수 있다.

그림 9.5는 무차원 가상주파수를 0부터 10까지 증가시켰을 때 입력성형기 임펄스 크기 변화를 나타낸 그림이다. $f^* = 0.5, 2$일 때 세 임펄스가 모두 0.333으로서 그 크기가 같다. $f^* = 3$일 때는 ZV성형기와 동일한 결과로서 A_0, A_2의 크기가 0.5이고 A_1의 크기는 0이다. $f^* = 5$일 때는 A_0, A_2의 크기가 1이고 A_1의 크기는 -1이 되는 UMZV가 된다. 한편 $0 < f^* < 1$의 구간에서는 그림 9.3에서 확인한 바와 같이 입력성형기 지속시간이 단일 모드 입력성형기보다 나빠지므로 실제 응용에는 유용하지 않다.

$f^* > 5$일 때부터는 임펄스 크기가 모두 1을 초과하게 된다. 이 구간의 값에서는 임펄스 크기의 증가로 기준입력과 임펄스의 컨볼루션으로 생성된 성형입력이 기준입력보다 그 절대치가 커지게 됨으로써 입력장치에서 포화(Saturation)가 발생할 수 있게 된다. 그러나 실제적으로 대부분의 시스템은 입력장치에 대해 어느 정도의 여유를 두게 되므로 임펄스 크기가 1을 초과하게 되더라도 일정한 부분까지는 포화 없이 적절한 동작을 할 수 있을 것으로 생각된다.

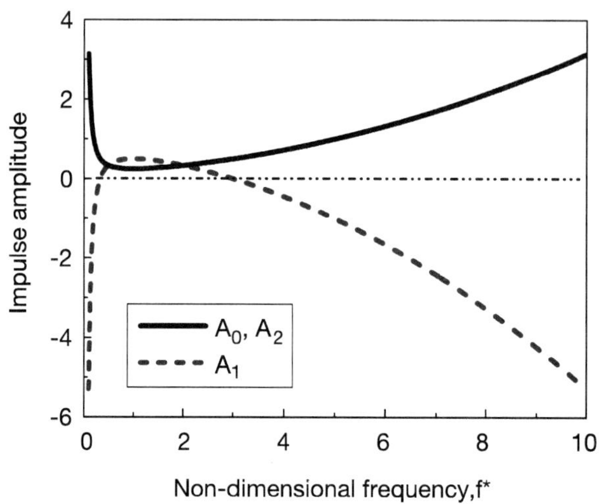

그림 9.5 무차원 주파수에 따른 임펄스 크기 변화

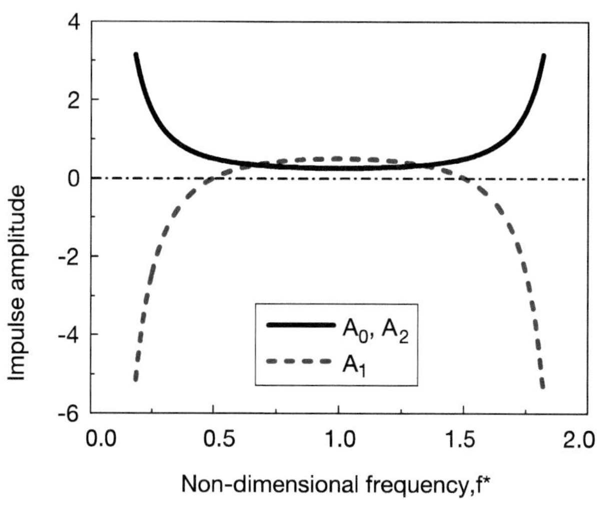

그림 9.6 무차원 시간에 따른 임펄스 크기 변화

그림 9.6은 무차원 지속시간과 임펄스 크기의 관계를 나타낸 그림이다. 지속시간을 작게 하기 위해서는 임펄스의 크기가 커져야 함을 알 수 있다. 지속시간이 증가할수록 임펄스 크기가 점차 감소하게 되고 $t^* = 0.333$ 에서 임펄스의 크기가 1이 된다. 이때가 UMZV 성형기와 동일하게 된다. 그러나 지속시간을 일정값 이상의 큰 값을 택하게 되면 임펄스들의 크기

는 다시 증가하게 된다. 이 구간은 기존의 입력성형기보다 지속시간이 길어지게 되는 구간으로서 실제 유용하게 사용될 수 없다.

이상의 계산을 통해 입력성형기 지속시간을 줄이기 위해 활용할 수 있는 가장 유용한 가상주파수는 f^*가 5보다 크며 입력장치의 포화를 일으키지 않는 한계값이 됨을 알 수 있다. 일반적으로 입력장치가 통상의 입력에 대해 100% 이상을 허용한다면 A_0, A_2의 크기에 의해 지속시간 감축이 제한되는데, 입력장치가 통상의 입력에 대해 120%까지를 허용한다면 $f^* \cong 5.6$, $t^* \cong 0.3$를, 150%까지 허용한다면 $f^* \cong 6.5$, $t^* \cong 0.2667$를 얻을 수 있다.

(3) 가상모드 입력성형기에 의한 응답 특성

시스템의 실제 응답에 미치는 영향을 살펴보기 위해 실제 고유진동수가 1Hz인 비감쇠 단일모드 시스템에 대해 가상주파수 변화에 따라 설계된 입력성형기를 적용했을 때의 시스템 응답을 분석하였다. 그림 9.7은 가상주파수의 변화에 따라 입력성형된 계단입력을 시스템에 가했을 때 응답의 변화를 3차원적으로 도시한 것이다. 그림에서 볼 수 있는 바와 같이 조건에 상관없이 오버슈트나 잔류진동이 발생하지 않는 것을 알 수 있다. 특히 가상주파수가 증가할수록 응답속도가 향상됨을 알 수 있다.

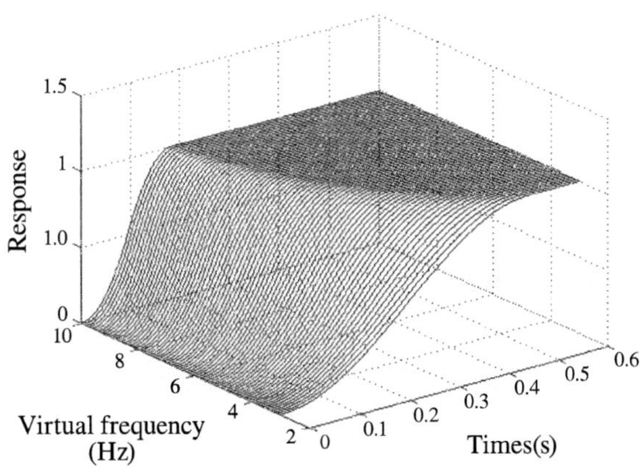

그림 9.7 가상주파수 변화에 따른 계단응답

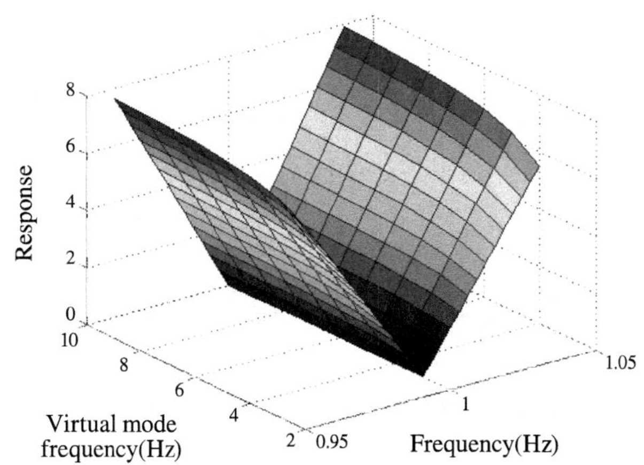

그림 9.8 가상주파수 및 모델링 오차에 따른 3-D 민감도 선도

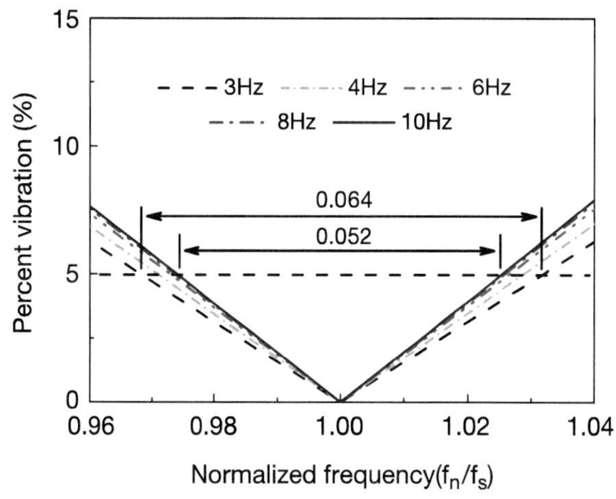

그림 9.9 ZV 성형기와 제안된 성형기의 5% 진동 민감주파수 영역

(4) 가상모드 입력성형기의 강건성 평가

가상모드를 이용하게 되면 입력성형기의 지속시간을 낮춤으로 인해 시스템 응답속도를 개선할 수 있음을 확인할 수 있다. 그러나 설계된 입력성형기가 모델링 오차에 어느 정도 강건함을 갖는지 평가할 필요가 있다. 입력성형기의 강건성은 민감도곡선을 통하여 시각화할 수 있다. 그림 9.8은 고유진동수가 1Hz인 시스템에 대해 가상주파수가 3Hz부터 10Hz까지 변

화할 때 민감도곡선을 3차원으로 도시한 것이다. 가상주파수가 3Hz이면 ZV성형기가 되고 이와 비교하여 강건성을 평가하였다. ZV성형기와 비교하여 가상주파수에 의해 민감도가 미세하게 변화됨을 알 수 있다.

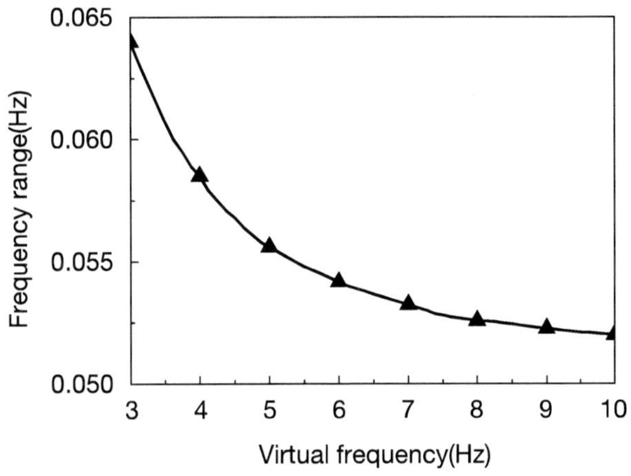

그림 9.10 가상주파수의 변화에 따른 5% 진동 민감 주파수 영역의 변화

강건성에 대한 정량적 평가를 위해 5% 잔류진동 허용주파수 범위를 고려하였다. 정량화 방법에 대한 설명을 위해 그림 9.9에는 5% 잔류진동 허용주파수 범위를 확대된 민감도곡선 위에 가상주파수별로 표시하였다. 그림 9.10은 이로부터 얻어낸 5% 잔류진동 허용주파수의 범위를 가상주파수별로 나타낸 결과이다. 가상주파수가 3Hz일 때 5% 잔류진동의 허용범위는 0.064 정도이고 가상주파수가 10Hz일 때 0.052까지 감소하였다. 결국 여기서는 강건성에 있어 약 13%의 감소를 보였다. 그러나 지속시간의 경우 0.5초에서 0.091초로 단축됨으로서 ZV에 비해 1/5 미만의 지속시간을 얻을 수 있으므로 강건성에서의 손실보다는 상대적으로 응답속도 개선에 더 큰 효과를 볼 수 있다고 판단된다. 특히 그림 9.10에 의하면 가상주파수의 증가에 따라 5% 잔류진동 허용주파수가 일정한 값에 수렴하는 경향을 보이므로 가상주파수의 증가에 따른 입력성형기 강건성에서의 손실은 거의 추가되지 않음을 알 수 있다.

9.4 감쇠계의 입력성형기 설계 및 특성 검토

앞절에서는 비감쇠계에 대한 입력성형기 설계에 대해 논의하였다. 비록 많은 진동계에서 감쇠를 무시하고 입력성형기를 설계해도 잔류진동제거 성능을 잘 발휘할 수 있으나, 감쇠가 커짐에 따라 그 성능 또한 낮아지게 되므로 감쇠를 고려한 입력성형기를 설계하는 것이 바람직하다. 일반적인 2 모드 입력성형기 설계를 위한 식은 다음과 같이 쓸 수 있다.

$$\begin{bmatrix} 1 & 1 & 1 \\ 1 & e^{-t_1 s_1} & e^{-t_2 s_1} \\ 1 & e^{-t_1 s_2} & e^{-t_2 s_2} \end{bmatrix} \begin{Bmatrix} A_0 \\ A_1 \\ A_2 \end{Bmatrix} = \begin{Bmatrix} 1 \\ 0 \\ 0 \end{Bmatrix} \tag{9.10}$$

여기서 s_1은 실제모드의 고유치를 s_2는 가상모드의 고유치를 의미한다. 또, t_1, t_2는 각각 두 번째와 세 번째 임펄스의 인가시간을 의미하며, t_2는 입력성형기 지속시간이 된다. 고유치를 다음과 같이 둔다.

$$\begin{aligned} s_1 &= -2\pi\zeta_s f_s + j2\pi f_{ds} = -\zeta_s \omega_s + j\omega_{ds}, \\ s_2 &= -2\pi\zeta_v f_v + j2\pi f_{dv} = -\zeta_v \omega_v + j\omega_{dv} \end{aligned} \tag{9.11}$$

여기서 $\omega_s (= 2\pi f_s)$, $\omega_v (= 2\pi f_v)$는 각각 시스템의 실제 고유진동수와 가상고유진동수를, ζ_s, ζ_v는 각각의 감쇠비를 의미한다. 감쇠고유진동수 및 가상감쇠고유진동수 f_{ds}, f_{dv}는 각각 다음과 같이 정의된다.

$$f_{ds} = f_s \sqrt{1 - \zeta_s^2} \tag{9.12a}$$

$$f_{dv} = f_v \sqrt{1 - \zeta_v^2} \tag{9.12b}$$

식(9.10)에 식(9.11)를 대입하여 나오는 결과식을 실수부와 허수부로 나누면 다음과 같다.

$$\begin{bmatrix} 1 & 1 & 1 \\ 1 & e^{2\pi\zeta_s f_s t_1}\cos(2\pi f_{ds} t_1) & e^{2\pi\zeta_s f_s t_2}\cos(2\pi f_{ds} t_2) \\ 1 & e^{2\pi\zeta_v f_v t_1}\cos(2\pi f_{dv} t_1) & e^{2\pi\zeta_v f_v t_3}\cos(2\pi f_{dv} t_2) \end{bmatrix} \begin{Bmatrix} A_0 \\ A_1 \\ A_2 \end{Bmatrix} = \begin{Bmatrix} 1 \\ 0 \\ 0 \end{Bmatrix} \tag{9.13a}$$

$$\begin{bmatrix} 1 & 0 & 0 \\ 1 & e^{2\pi\zeta_s f_s t_1}\sin(2\pi f_{ds}t_1) & e^{2\pi\zeta_s f_s t_2}\sin(2\pi f_{ds}t_2) \\ 1 & e^{2\pi\zeta_v f_v t_1}\sin(2\pi f_{dv}t_1) & e^{2\pi\zeta_v f_v t_2}\sin(2\pi f_{dv}t_2) \end{bmatrix} \begin{Bmatrix} A_0 \\ A_1 \\ A_2 \end{Bmatrix} = \begin{Bmatrix} 0 \\ 0 \\ 0 \end{Bmatrix} \tag{9.13b}$$

식(9.13b)가 비당연해를 가질 조건에서

$$\begin{vmatrix} e^{2\pi\zeta_s f_s t_1}\sin(2\pi f_{ds}t_1) & e^{2\pi\zeta_s f_s t_2}\sin(2\pi f_{ds}t_2) \\ e^{2\pi\zeta_v f_v t_1}\sin(2\pi f_{dv}t_1) & e^{2\pi\zeta_v f_v t_2}\sin(2\pi f_{dv}t_2) \end{vmatrix} = 0 \tag{9.14}$$

또는

$$\begin{aligned} & e^{2\pi(\zeta_s f_s t_1 + \zeta_v f_v t_2)}\sin(2\pi f_{ds}t_1)\sin(2\pi f_{dv}t_2) \\ & \quad - e^{2\pi(\zeta_v f_v t_1 + \zeta_s f_s t_2)}\sin(2\pi f_{dv}t_1)\sin(2\pi f_{ds}t_2) = 0 \end{aligned} \tag{9.15}$$

여기서 가상모드의 감쇠비와 고유진동수가 다음의 관계를 만족하도록 두자.

$$2\pi\zeta_v f_v = 2\pi\zeta_s f_s = \sigma \tag{9.16}$$

그러면 다음의 관계식이 만족된다.

$$\zeta_s f_s t_1 + \zeta_v f_v t_2 = \zeta_v f_v t_1 + \zeta_s f_s t_2 \tag{9.17}$$

따라서 식(9.15)는 다음과 같이 단순화 된다.

$$\sin(2\pi f_{ds}t_1)\sin(2\pi f_{dv}t_2) - \sin(2\pi f_{dv}t_1)\sin(2\pi f_{ds}t_2) = 0 \tag{9.18}$$

식(9.18)은 두 개의 변수를 가지므로 일반해를 구하기 위해서는 추가적인 조건식이 필요하다. 여기서 임펄스 간 시간간격이 균일하다고 가정하자. 즉, $t_2 = 2t_1$라 두고 식(9.18)을 정리하면 다음의 결과를 얻는다.

$$\cos(2\pi f_{ds}t_1) = \cos(2\pi f_{dv}t_1) \tag{9.19}$$

식(9.19)와 같은 조건을 만족하는 시간 t_1를 구하면 다음과 같다.

$$t_1 = \frac{m}{f_{dv} \pm f_{ds}}, \qquad m = 1, 2, \ldots \tag{9.20}$$

식(9.20)의 결과는 앞 절에서 얻어진 비감쇠계의 결과 식(9.6)과 동일한 형식의 결과로서 고유진동수를 감쇠고유진동수로 대체한 결과이다.

식(9.20)에서 최소시간 즉, $t_1 = \dfrac{1}{f_{dv}+f_{ds}}$를 식(9.13a)에 대입하면 다음과 같은 임펄스 크기를 얻을 수 있다.

$$A_0 = \frac{e^{4\pi\zeta_s f_s^*}}{1-2e^{2\pi\zeta_s f_s^*}\cos 2\pi f_{ds}^* + e^{4\pi\zeta_s f_s^*}} \tag{9.21a}$$

$$A_1 = \frac{-2e^{2\pi\zeta_s f_s^*}\cos 2\pi f_{ds}^*}{1-2e^{2\pi\zeta_s f_s^*}\cos 2\pi f_{ds}^* + e^{4\pi\zeta_s f_s^*}} \tag{9.21b}$$

$$A_2 = \frac{1}{1-2e^{2\pi\zeta_s f_s^*}\cos 2\pi f_{ds}^* + e^{4\pi\zeta_s f_s^*}} \tag{9.21c}$$

여기서

$$f_s^* = \frac{f_s}{f_{ds}+f_{dv}},\ f_{ds}^* = \frac{f_{ds}}{f_{ds}+f_{dv}}$$

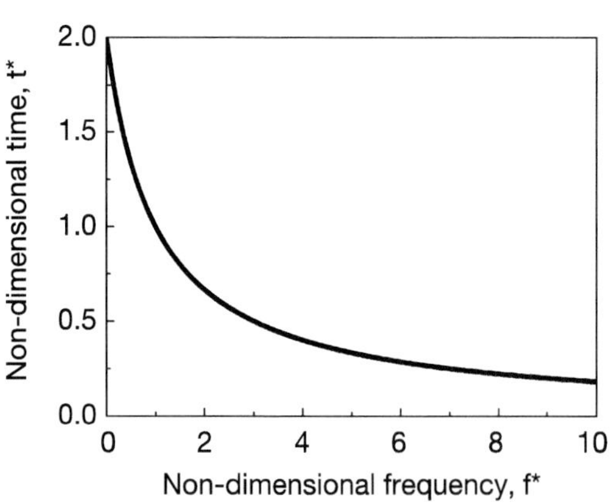

그림 9.11 무차원 주파수에 따른 무차원 성형기 지속시간 변화

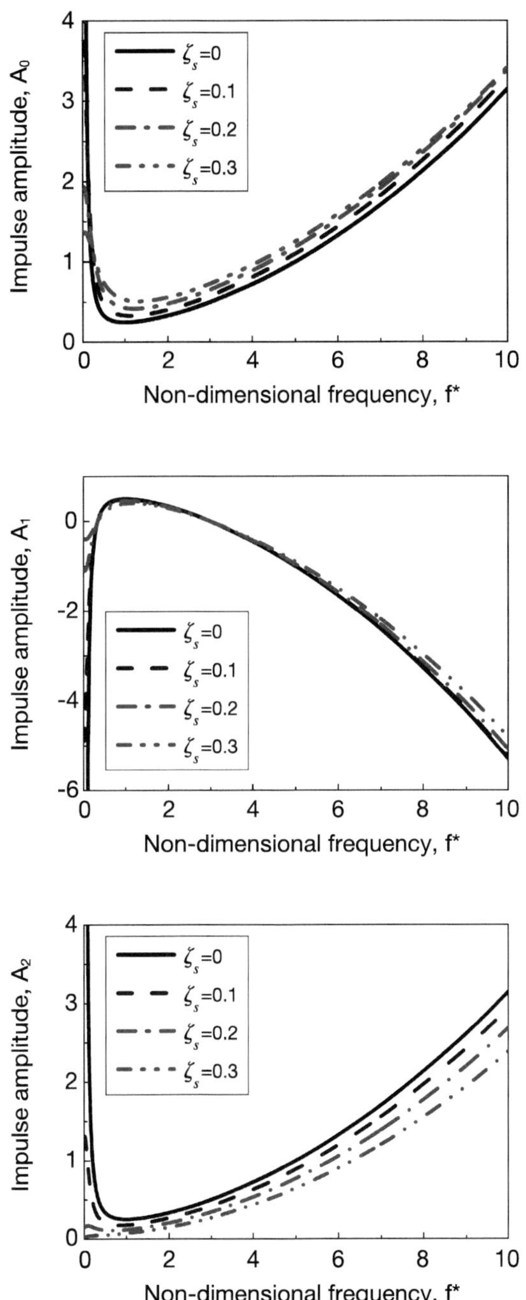

그림 9.12 무차원 주파수에 따른 임펄스 크기의 변화 (감쇠계)

그림 9.11은 앞의 결과를 이용하여 구한 무차원 가상감쇠주파수와 입력성형기 무차원 최소지속시간의 관계를 보여주고 있다. 여기서 무차원 가상감쇠주파수 및 무차원 지속시간 f^*, t^*는 각각 다음과 같이 정의된다.

$$f^* = \frac{f_{dv}}{f_{ds}}, \quad t^* = f_{ds} t_2 \tag{9.22}$$

그림 9.11을 이용하면 임의의 시스템 감쇠고유진동수에 대해 입력성형기 지속시간을 설정할 수 있게 된다. 한편 그림 9.12는 무차원 가상주파수의 증가에 따른 입력성형기 임펄스 크기의 변화를 나타낸다.

그림 9.13에서 확인한 바와 같이 가상모드 입력성형기 결정에 도입한 가상주파수가 증가할수록 입력성형기의 지속시간이 단축된다. 따라서 가상주파수는 입력성형 지속시간을 결정하는 설계변수가 된다.

9.5 토의

여기서는 입력성형기 지속시간 단축을 위한 새로운 입력성형기 설계 방법을 제안하였다. 이를 위해 비감쇠/감쇠 단일 모드 시스템에 대해 추가로 한 개의 가상모드를 설정한 후 2 모드 시스템으로 가정하여 설계하는 방법을 제안하였다. 도입된 가상주파수가 큰 값을 가질수록 입력성형기의 지속시간을 단축할 수 있음을 이론 및 시뮬레이션을 통해 확인하였다. 또한 가상모드 도입에 따른 입력성형기 지속시간 단축효과가 강건성 감소보다 더 크게 작용하는 것을 확인하였다. 한편, 가상주파수의 증가에 따라 입력성형기의 지속시간 단축이 가능하지만 임펄스의 크기가 증가하기 때문에 시스템의 출력 한계치를 초과하지 않는 범위에서 적절한 가상주파수의 결정이 필요하다. 이 방법은 기존의 입력성형기 설계방법을 개선한 것으로 실험적으로 손쉽게 구현할 수 있으므로 실제 조건에서 유용하게 사용될 수 있다.

9.6 실험장치

사용된 실험장치의 개략도를 그림 9.13에 보이고 있다. 위치결정 스테이지가 서보모터와 볼 스크류로 구동되며, 선형가이드에 의해 직선운동을 유지하게 된다. 작업테이블 위에는 실제 운전 조건과 유사한 조건을 만들기 위한 질량이 부착되어 있으며, 그 위에는 유연보가 고정되어 있다. 유연보에는 고유진동수를 조정할 수 있도록 이동 가능한 질량체가 고정되어 있다.

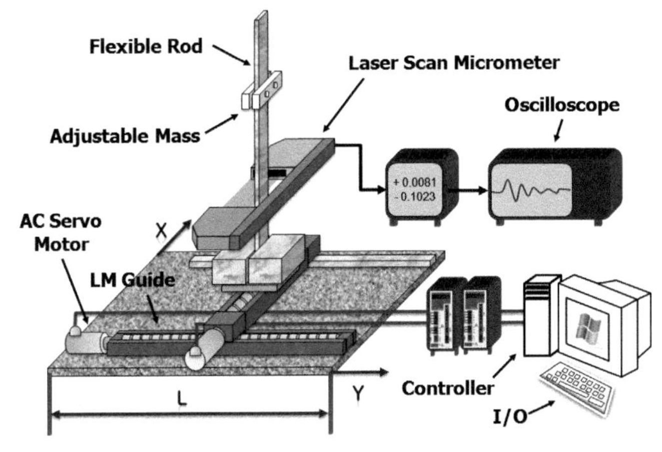

그림 9.13 가상모드 입력성형기 실험장치

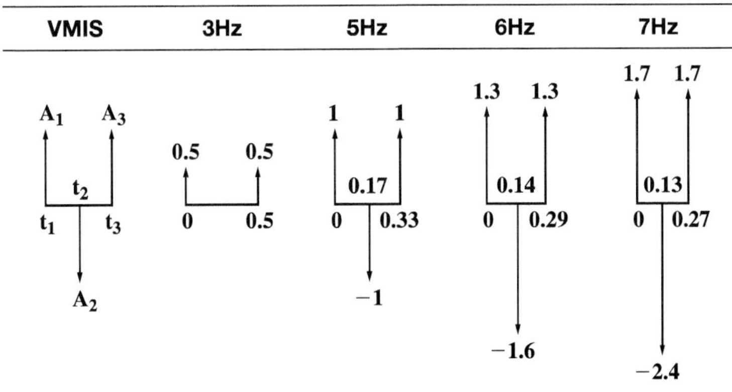

그림 9.14 가상주파수의 변화에 따른 입력성형기 형상(f_s=1Hz)

위치결정 스테이지의 운동으로 인해 발생되는 유연보의 진동을 측정하기 위해 작업테이블 위에 레이저 스캔 마이크로미터(Laser scan micrometer)를 장착하여 사용하였다. 특히 질량체를 이용하여 유연보의 고유진동수가 1Hz가 되도록 설정하였다.

9.7 가상모드 입력성형기 설정

실제 시스템은 단일 모드이지만 가상모드를 추가하여 고려할 모드를 두 개로 확장하였다. 새로 도입한 가상주파수는 물론 입력성형기를 설계하고자 하는 대로 변화가 가능하다. 그림 9.14는 가상주파수 변화에 따라 설계된 입력성형기를 나타내고 있다. 그림 9.14에서 확인한 바와 같이 가상모드 입력성형기 설계방법에 의하면 가상모드의 주파수가 증가할수록 입력성형기의 지속시간이 단축되며 임펄스의 크기가 커지는 것을 알 수 있다.

결과적으로 가상모드 주파수에 의해서 임펄스의 지속시간이 결정됨으로써 기존의 ZV 또는 UMZV 성형기보다 응답속도가 개선된 입력성형기를 설계할 수 있다.

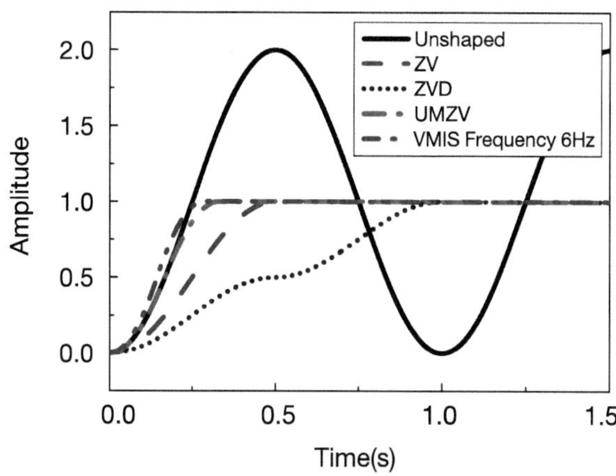

그림 9.15 입력성형기에 따른 탄성보의 계단응답 변화 (시뮬레이션, $f_s = 1\text{Hz}$)

그림 9.15는 기준입력을 단위계단 형태로 주었을 때 가상모드 입력성형기와 기존 입력성형기들에 대한 시스템의 응답을 계산해서 비교한 것이다. 가상모드 주파수가 6Hz인 경우의 가상모드 입력성형기를 사용하였다. 잔류진동의 제거 효과는 기존의 입력성형기들과 동일한 결과를 보이지만 상승시간은 가장 짧음을 알 수 있다.

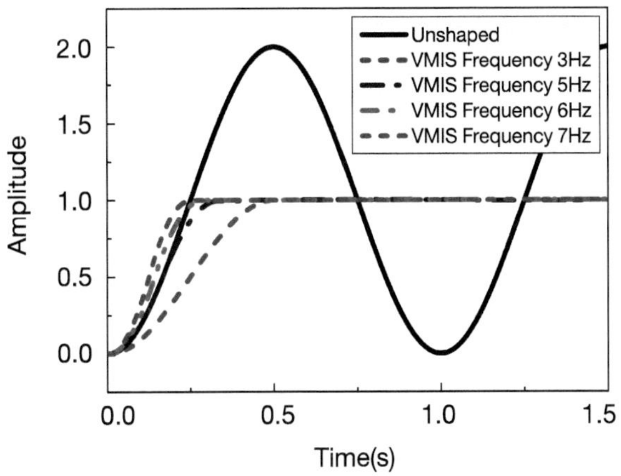

그림 9.16 가상주파수 변화에 따른 탄성보의 계단응답 변화 (시뮬레이션, $f_s = 1\text{Hz}$)

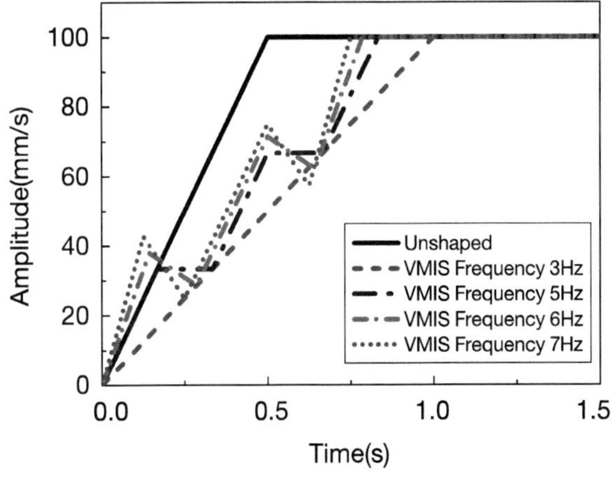

그림 9.17 가상주파수 변화에 따른 속도입력 프로파일의 변화 (가속영역, $f_s = 1\text{Hz}$)

그림 9.16은 그림 9.14의 다양한 가상모드 주파수에 의하여 설계된 가상모드 입력성형기들에 대한 단위계단응답을 비교하여 나타낸 것이다. 설계된 입력 임펄스의 지속시간이 가장 짧은 7Hz인 경우가 상승시간이 가장 짧게 나타난다.

9.8 실험 및 결과 토의

이 책에서는 위치결정 스테이지의 정밀위치결정을 위하여 각 이송구간에 대해 룩업테이블(Look-up table)을 생성하여 실제 모터제어를 위해 사용하였다. 위치결정 스테이지의 총 이동거리는 250mm이며, 가속시간과 감속시간은 모두 500ms, 최고 속도는 100mm/s이다.

그림 9.17은 실제 위치결정 스테이지를 구동하기 위해 입력되는 속도프로파일에서 가속구간만을 나타낸 것이다. 실제 스테이지의 이송을 위한 속도기준입력은 계단입력보다는 가감속구간이 있는 사다리꼴 형식으로 나타나게 된다. 따라서 입력성형이 이루어지지 않은 경우, 가속구간이 단순하게 램프형태를 취하게 된다. 가상주파수가 올라갈수록 가속구간의 변화가 많이 나타남을 알 수 있다. 가상주파수가 3Hz인 경우는 ZV 입력성형기가 되며, 본 실험에서는 가속시간이 0.5 초로서 ZV의 임펄스 간격과 일치함으로써 가속구간이 단조적인 램프형태로 나타나고 있다. 반면, 가상주파수가 증가하게 됨에 따라 가속구간에서의 변화가 두드러지게 나타나게 된다. 가상주파수가 5H일 때 계단형태의 양상을 보이게 되고, 주파수가 더 높아지면 톱니(Saw tooth)형태가 되면서 가속구간에서 가감속이 이루어지는 형태를 보인다. 속도 프로파일에서 이와 같은 급격한 변화를 주게 되더라도, 실제속도는 스테이지의 관성이나 마찰 등으로 인해 다소 부드러운 변화를 나타나게 된다.

그림 9.18(a)는 위치결정 스테이지에 대해 가상주파수를 변화시키면서 가상모드 입력성형기를 적용한 경우와 적용하지 않은 경우에 대한 실험결과를 나타낸 것이다. 측정시스템이 작업테이블 위에 장착되어 있어 유연보의 작업테이블에 대한 상대진동만을 측정할 수 있다. 가상모드 입력성형기를 이용한 모든 경우 잔류진동을 효과적으로 제거하고 있음을 알 수 있다. 가상주파수가 7Hz인 응답결과를 각각 ZV와 UMZV의 입력성형기와 동일한 임펄스를

가지는 3Hz, 5Hz의 응답결과와 비교하면, 가상주파수가 7Hz인 경우에 가장 짧은 응답시간을 보이고 있음을 알 수 있다.

한편, 그림 9.18(b)는 가상주파수 변화에 따른 가상모드 입력성형기를 적용한 경우에 대한 응답 가속구간을, 그림 9.19(c)는 감속구간 즉, 위치결정 스테이지가 주어진 목표지점에서의 위치결정이 완료되는 구간의 응답을 나타낸 것이다. 가상주파수가 높을수록 출발 및 목표지점에서의 위치결정이 더 빠르게 완료되는 것을 알 수 있다. 가상모드 입력성형기의 이론적인 지속시간은 앞 장에서 제안된 바와 같이 $t_d = \dfrac{2}{f_v + f_s}$ 이다. 따라서 가상주파수 7Hz일 때와 3Hz일 때의 이론적인 지속시간 차이는 0.25초이며 실험결과에서도 이와 유사한 차이를 보이고 있다. 앞서 설명한 바와 같이 실제 속도 프로파일이 스테이지의 동적 특성에 의해 속도 명령과 다소 차이가 있을 수 있음에도 불구하고 입력성형의 성능은 유지되는 것을 확인할 수 있다. 이는 서보모터에 인가되는 속도입력과 스테이지의 실제속도 사이의 동적 특성이 입력성형기의 성능에 큰 영향을 미치지 못함을 의미한다.

결과적으로 가상주파수를 변화시켜 입력 임펄스의 지속시간을 수정함으로써 위치결정 스테이지의 정밀위치결정을 빠르고 효과적으로 수행할 수 있는 가상모드 입력성형기를 설계할 수 있었다. 특히 가상모드 입력성형기 적용에 따른 입력 속도프로파일의 급격한 변화 가능성에도 불구하고 입력성형기의 성능이 유지됨이 실험적으로 확인되었다. 따라서 시스템의 포화속도 이하에서는 가상모드 입력성형기에 의한 어떠한 속도 프로파일도 허용할 수 있을 것으로 생각된다.

가상모드 입력성형기의 적용에 의해 얻을 수 있는 위치결정 스테이지의 짧은 응답시간과 이로 인한 목표지점에서의 빠른 정밀위치결정 특성은 이러한 시스템을 가지는 많은 LCD 및 반도체 장비들의 공정시간을 줄임으로써 생산성 및 공정능력을 향상시키는 데 적용할 수 있을 것으로 기대된다.

한편, 이상 설명한 기법은 스테이지의 이동경로보다는 목표지점이 되는 정지위치에서의 잔류진동을 억제하는 것만을 고려하고 있다. 고속으로 움직이는 대부분의 스테이지가 이송 중 기능을 하기보다는 정지위치에서 기능을 하기 때문에 이 같은 점이 큰 제한은 되지 않는다. 그러나 위치결정 스테이지의 2축 이상이 동시에 작동되고 목표지점 잔류진동과 이동경로의 정확도를 모두 고려해야 하는 경우에는 속도 프로파일에 대한 성형과 이동경로를 동시에 고려한 입력성형기 설계가 필요하다.

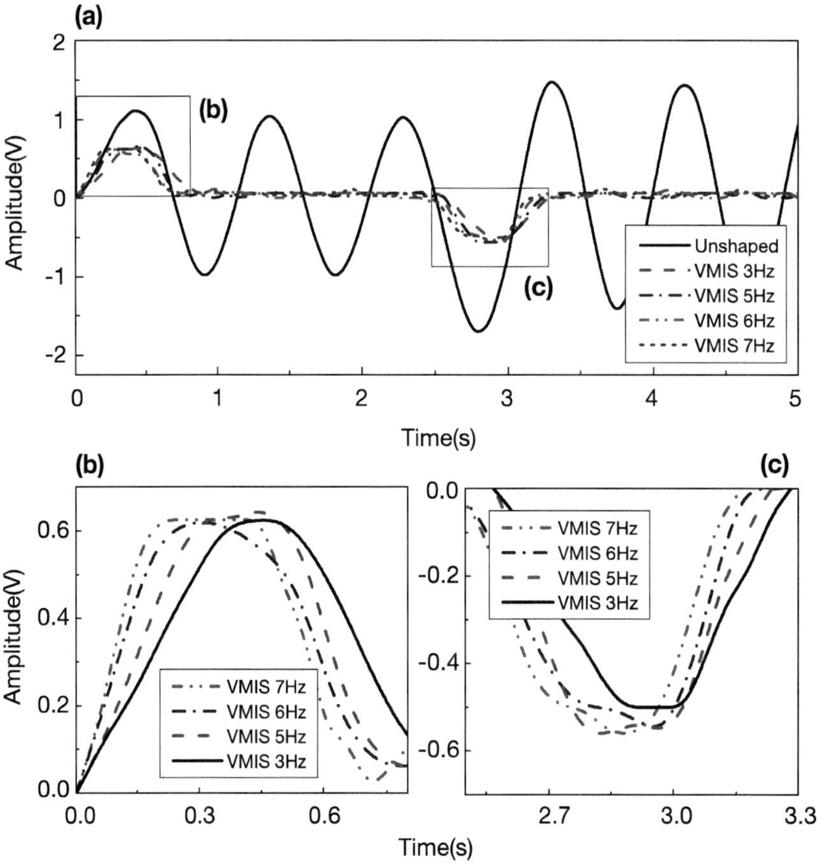

그림 9.18 가상주파수의 변화에 따른 탄성보의 진동응답:
(a) 가상모드 입력성형기에 따른 응답비교, (b) 가속구간에서의 확대, (c) 감속구간에서의 확대

CHAPTER

10

가감속 제어에 의한 잔류진동 억제

10.1 개요

반도체나 LCD 생산장비 등에서는 고속, 경량화가 필수적이지만 급격한 속도변화가 수반되어 장비 전체에 진동을 발생시키는 문제가 있다. 특히 IT 관련 생산장비의 경우 단거리를 빠르게 반복적으로 움직이는 경우가 많은데 이와 같은 운동으로 인해 발생되는 진동은 회피하기 쉽지 않아 구조물을 경량화하는 데 한계를 보이게 된다.

이송계의 진동을 줄이기 위해 입력성형이 널리 채용되고 있으나 여기에서 고려하고 있는 경우와 같이 간헐운동이 반복되는 경우, 가속도를 급격히 변경시키는 형태의 속도프로파일이나 간헐운동을 증가시키는 형태의 속도프로파일을 나타내게 됨에 따라 시스템에 바람직하지 않은 비선형적 특성이나 마모를 가속화하는 등의 문제를 유발시킬 가능성이 있다. 여기서는 단거리를 반복적으로 이동할 때 진동을 최소화할 수 있는 편리한 속도프로파일을 소개하였다.

이 장에서는 가장 일반적으로 채택되고 있는 사다리꼴형태 또는 삼각형태의 속도프로파일을 이용하면서도 잔류진동을 억제할 수 있도록 하는 방법을 소개하였다. 속도프로파일을 형성함에 있어, 가감속시간을 진동이 유발되는 주요 고유진동 주기 또는 그 배수로 일치시키는 방법이다. 이 방법은 잔류진동을 회피하기 위해 초기 속도프로파일을 직접 설정한다는 측면에서 입력성형기법과 차별화된다. 특히, 입력성형기법을 적용할 때와는 달리 기준입력명령 자체를 진동이 최소화되도록 인가하는 방식으로서 시스템에 추가적인 조치 없이 입력 자체를 변화시키는 방식이므로 적용이 매우 편리하다. 진동을 억제하고자 하는 특정모드에 맞춰 제안된 방법을 적용하게 된다면 별도의 조작 없이 입력을 사다리꼴이나 삼각형태로 설계하여 해당모드 진동을 제거할 수 있게 된다. 여기서 소개하는 방법은 1개의 모드에 대해서 진동을 억제할 수 있으나 다모드계에 대한 진동억제를 위해 입력성형기법과 결합하는 방식이 사용 가능하다. 소개된 방법에 대해 시뮬레이션과 실험결과를 제시하였다.

10.2 이송명령에 의한 진동계의 운동

이송계에 탑재된 임의의 1 자유도 진동계에서 이송계의 운동에 의한 운동 특성을 검토하기 위해 그림 4.1과 같은 진동계를 다시 한 번 고려한다. 그림에서 x는 이송계로부터 진동계에 전달되는 운동입력이며, y는 그에 대한 진동계의 응답을 의미한다. 이 시스템에 속도입력 v_x를 단위계단으로 인가하면 잘 알려진 바와 같이 그림 10.1과 같은 응답특성을 보이게 된다.

이러한 잔류진동을 억제하기 위해 입력성형기법이 매우 유용하다. 실용적으로 사용되는 속도입력프로파일에 그림 10.2와 같은 입력성형을 시행하게 되면 효과적으로 잔류진동을 억제할 수 있다. 그러나 단거리를 이송하는 경우 입력이 지속되는 시간이 시스템의 고유주기의 1/2보다 작아지는 경우 입력을 두 번에 나누어서 가해주는 양상이 되어 실용상 문제가 있으며, 특히 운동과 정지를 반복하는 과정에서 마찰의 영향 등에 의해 시스템 특성에 좋지 않은 영향을 줄 수 있다. 여기서는 기존의 입력성형기법이 갖는 이와 같은 문제점을 개선할 수 있는 운동프로파일에 대해 설명하였다.

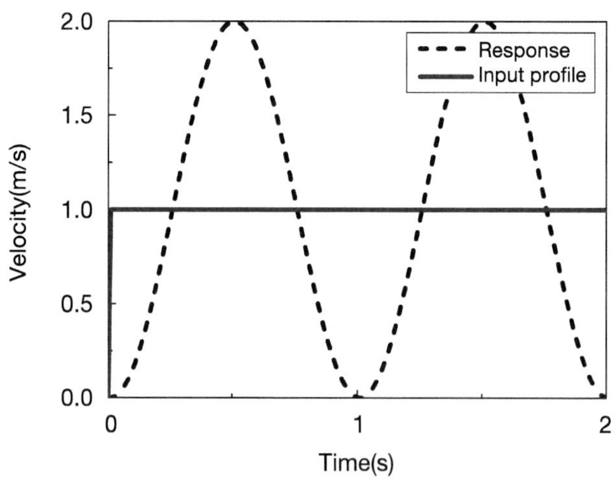

그림 10.1 단위 속도계단입력 및 응답

10.3 가감속 설정에 의한 잔류진동 억제

(1) 사다리꼴 속도프로파일

실용적인 속도프로파일은 목표로 하는 속도명령에 도달하는 과정과 정지하는 과정에 적절한 가속 또는 감속구간을 둠으로써 안정적으로 목표속도에 도달하게 한다. 따라서 사다리꼴 형태의 속도프로파일이 가장 손쉽고 널리 사용되고 있다. 이때 가감속 시간을 억제하고자 하는 고유진동 주기의 배수로 설정하여 다음과 같다고 가정한다.

$$\begin{aligned} v_x(t) = \dot{x} = & \frac{V}{T_N}\{r(t) - r(t - T_N)\} \\ & - \frac{V}{T_N}\{r(t - T_N - T_s) - r(t - 2T_N - T_s)\} \end{aligned} \tag{10.1}$$

여기서 $T_N = NT,\ N = 1, 2, ..,\ T = \dfrac{2\pi}{\omega_n}$ 이며 T_s는 등속이 지속되는 시간을 의미한다. 또 $r(t)$는 단위램프함수를, $r(t-a)$는 a만큼 지연된 단위램프함수이다. 이에 대한 시스템의 속도응답은 다음과 같이 나타난다.

$$\begin{aligned} v_y(t) = v_x(t) & - \frac{V}{\omega_n T_N}\left[\sin\omega_n t - \sin\omega_n (t - T_N) u(t - T_N)\right] \\ & + \frac{V}{\omega_n T_N}\begin{bmatrix} \sin\omega_n (t - T_N - T_s) u(t - T_N - T_s) \\ - \sin\omega_n (t - 2T_N - T_s) u(t - 2T_N - T_s) \end{bmatrix} \end{aligned} \tag{10.2}$$

여기서 $u(t)$는 단위계단함수를, $u(t-a)$는 a만큼 지연된 단위계단함수를 의미한다. 식 (10.2)의 우변 둘째 항의 괄호에 포함된 항들은 출발구간에서의 응답이고, 셋째 항의 괄호에 포함된 항들은 정지구간에서의 응답이 된다. 그림 10.2는 T_N을 증가시키면서 구한 출발구간에서의 속도응답을 보여주고 있다. 그림에서 볼 수 있는 바와 같이 감쇠가 없는 시스템에서는 잔류진동을 완전히 억제할 수 있다. 정지구간에서도 동일한 양상의 응답을 볼 수 있다.

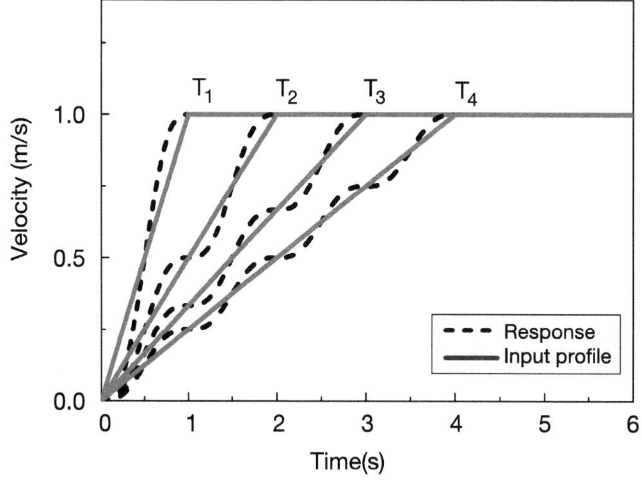

그림 10.2 가속 시간 변화에 따른 응답의 변화

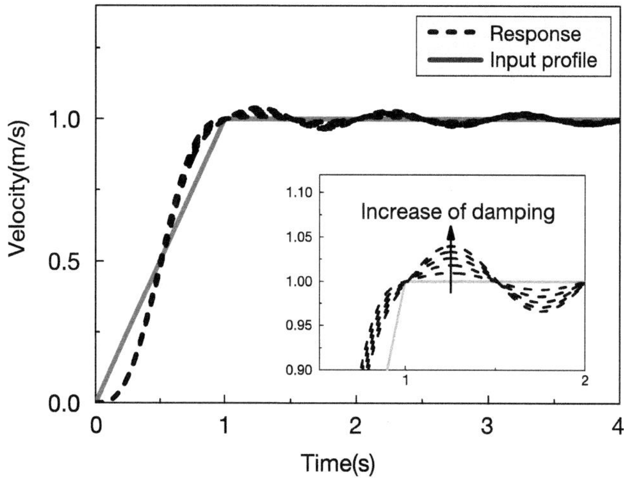

그림 10.3 감쇠비 변화에 따른 응답

한편 시스템에 감쇠가 포함된 경우, T_1을 적용한 프로파일에 대해 같은 방법을 적용한 결과를 그림 10.3에 보여주고 있다. 그림에서 볼 수 있는 바와 같이 감쇠가 있게 되면 잔류진동이 남게 된다. T_1을 적용했을 때, 감쇠에 따른 잔류진동 발생 크기를 그림 10.4에서 보여주고 있다. 그림에서 볼 수 있는 바와 같이 감쇠에 의한 잔류진동 발생은 감쇠비가 0.2 전후일 때 최대가 되며 8%에 못 미치는 크기를 보이고 있어 많은 실용적인 시스템에서는 큰 문제를 발생시키지 않을 것으로 예상된다. 가속시간을 T_1보다 크게 설정하게 되면 잔류진동은 더욱 줄어들게 된다.

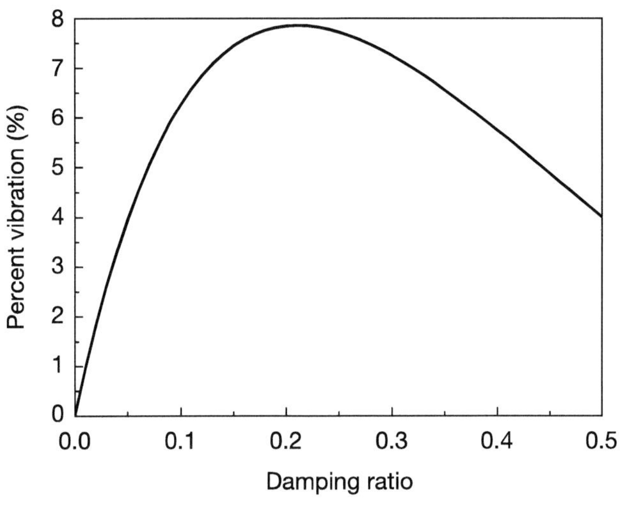

그림 10.4 감쇠비에 따른 잔류진동 비

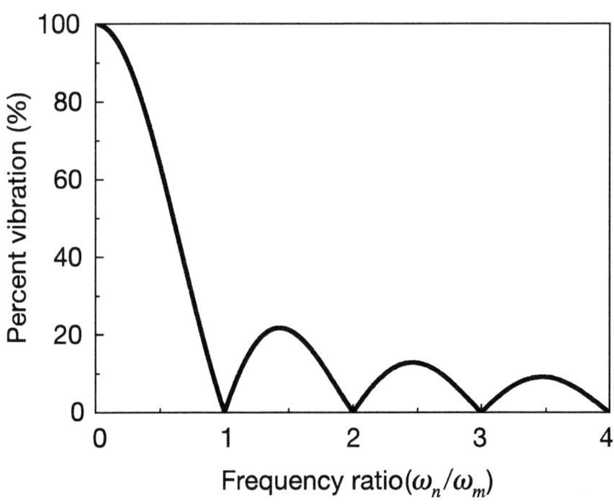

그림 10.5 주파수 오차에 따른 민감도 선도

한편 그림 10.5는 설정된 주파수에 오차가 있을 경우에 대한 민감도를 나타내고 있다. 설정된 주파수($\omega_m = \frac{2\pi}{T_1}$)에 대해 실제 주파수($\omega_n$)가 배수가 되는 경우 잔류진동이 나타나지 않는다. 주파수가 배수가 되지 않으면 오차에 의해 비교적 급격하게 잔류진동이 늘어남을 알 수 있다.

그러나 주파수 비가 커질수록 잔류진동의 크기는 추세적으로 작아지는 양상을 보이게 되는데 이는 입력가속도가 작아짐에 따른 추세적 변화로 파악된다. 한편 그림 10.6은 감쇠비와 주파수비를 동시에 변화시킨 경우의 잔류진동비에 대한 3차원 그림을 보여주고 있다.

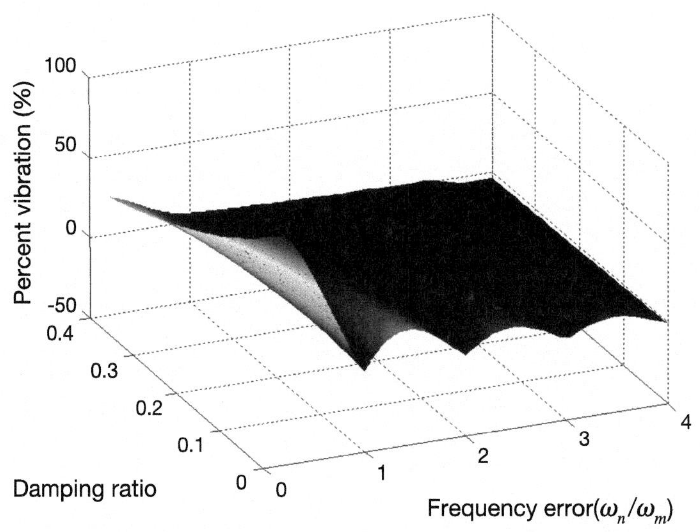

그림 10.6 주파수 오차 및 감쇠비에 따른 잔류진동 3차원 민감도 선도

(2) 삼각형 속도프로파일

단거리 이송 시에는 사다리꼴 프로파일의 경우처럼 등속구간에 도달하지 못하고 가속과 감속을 반복하는 형태의 삼각형 속도프로파일을 구성해야 할 경우가 빈번하다. 이때 잔류진동을 없앨 수 있는 방법으로 다음과 같은 삼각형 속도프로파일을 고려하도록 한다. 그림 10.7에 표현된 입력을 시간함수로 표현하면 다음과 같다.

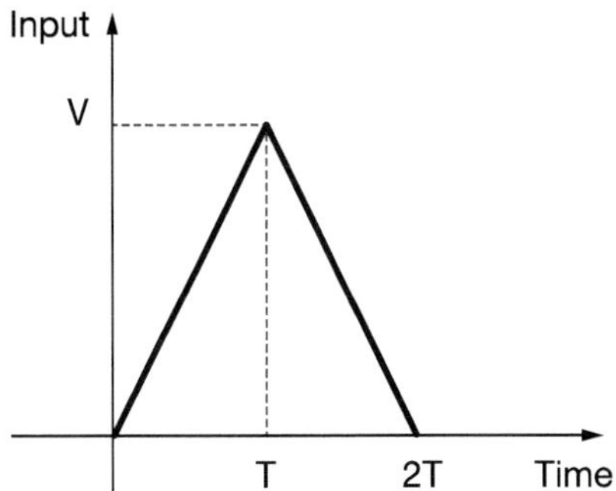

그림 10.7 단거리 이동을 위한 삼각형 속도 프로파일

$$v_x(t) = \frac{V}{T_N}(r(t) - 2r(t - T_N) + r(t - 2T_N)) \tag{10.3}$$

운동방정식에 대입하여 이에 대한 시간응답을 얻으면 다음과 같다.

$$\begin{aligned} v_y(t) = & \frac{V}{T_N}[r(t) - 2r(t - T_N) + r(t - 2T_N)] \\ & - \frac{V}{\omega_n T_N}\begin{bmatrix} \sin\omega_n t - 2\sin\omega_n(t - T_N)u(t - T_N) \\ + \sin\omega_n(t - 2T_N)u(t - 2T_N) \end{bmatrix} \end{aligned} \tag{10.4}$$

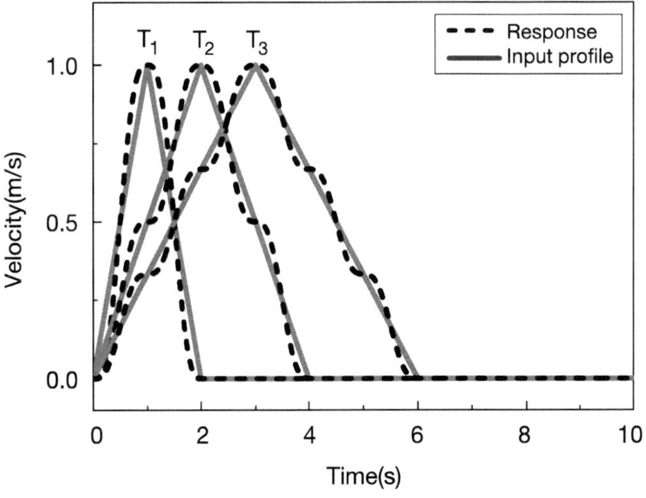

그림 10.8 삼각형 속도 프로파일에 따른 속도응답

그림 10.8에는 고유진동수가 1Hz일 때, 속도의 최대값을 1로 두고 T_N을 증가시키면서 구한 응답을 보여주고 있다. 응답에 오실레이션이 나타나지 않게 됨을 알 수 있다. 결국 가속 또는 감속시간이 고유주기의 배수가 되면 진동이 발생하지 않음을 알 수 있다.

(3) 감쇠효과

시스템에 감쇠가 포함된 경우 삼각형 속도프로파일을 적용한 결과를 그림 10.9에 보여주고 있다. 제안된 방법을 감쇠가 있는 시스템에 적용하게 되면 약간의 잔류진동을 남기게 된다.

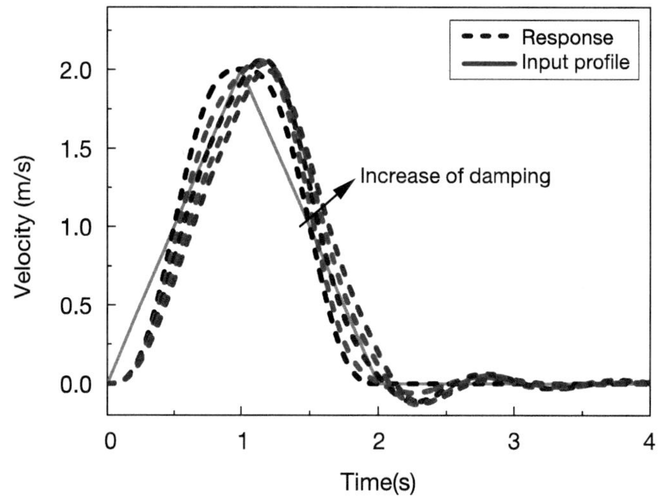

그림 10.9 감쇠비 변화가 있을 때의 삼각형 속도프로파일에 따른 속도응답

그림 10.10에서 볼 수 있는 바와 같이 감쇠가 커짐에 따라 조금씩 잔류진동의 양이 증가하게 되나 감쇠비가 0.28 정도에서 최대오차를 보이고, 그 이상이 되면 다시 잔류진동의 크기가 줄어들게 된다. 전체적으로 7% 이하 범위의 잔류진동을 하게 되므로 실용적인 관점에서의 문제는 크다고 볼 수 없다. 앞선 사다리꼴보다 잔류진동이 다소 감소하고 최대값을 갖게 되는 감쇠비도 높아진 것을 알 수 있다. 사다리꼴에서와 마찬가지로 잔류진동이 크고 오랫동안 지속되는 저감쇠 조건에서 제안된 방법은 탁월한 성능을 나타내게 된다.

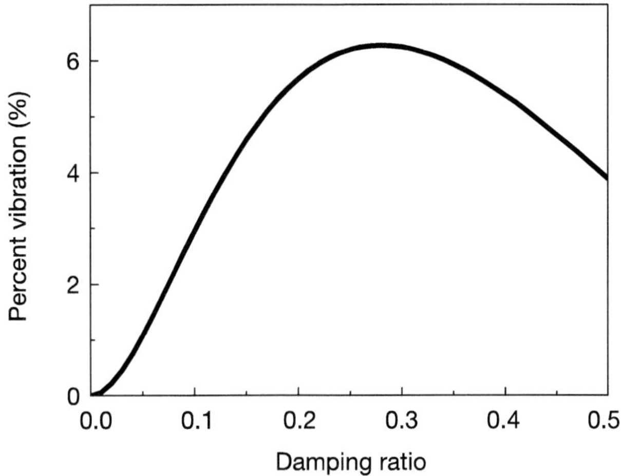

그림 10.10 삼각형 속도프로파일 적용 시 감쇠비에 따른 잔류진동 비

(4) 고유진동수 오차에 따른 효과

고유진동수 정보에 오차가 있게 되면 잔류진동이 발생하게 된다. 고유진동수(ω_n)와 설정주파수(ω_m)의 오차에 따른 잔류진동의 크기는 다음과 같이 결정된다.

$$\varepsilon(\frac{\omega_n}{\omega_m}) = abs\left\{\frac{2\pi\omega_m V}{\omega_n}\left[1-2e^{-j2\pi\frac{\omega_n}{\omega_m}}+e^{-j4\pi\frac{\omega_n}{\omega_m}}\right]\right\} \tag{10.5}$$

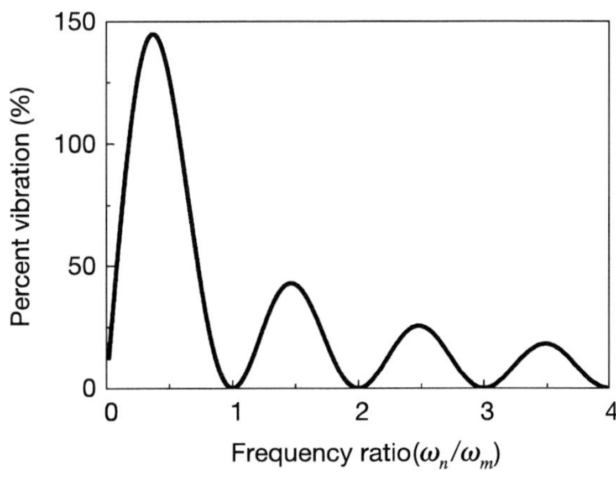

그림 10.11 삼각형 속도프로파일 적용 시의 주파수 오차에 따른 잔류진동 민감도 선도

그림 10.11에서 볼 수 있는 바와 같이 기준주기의 배수되는 조건에서 모두 잔류진동이 나타나지 않게 됨을 알 수 있다. 특히 해당 주기 주변에서 다소의 변화에도 둔감한 특성을 보이고 있어 실용적으로 고유주기가 부정확한 경우에도 활용이 가능하다. 전체적으로 가감속시간이 증가함에 따라 잔류진동이 가감속시간의 역수에 비례하는 추세에 있으므로 가능하면 가감속시간을 증가시키는 것이 바람직함을 알 수 있다.

10.4 다모드 시스템 진동저감에의 적용

(1) 입력성형과의 결합

이 방법은 진동저감이 필요한 특정모드에 대한 저감법으로서 1개의 모드만을 고려할 수 있다. 따라서 다수의 모드에 대한 잔류진동을 저감하는 것은 독립적으로 시행할 수 없다. 이때는 입력성형기와 같이 적용하는 것이 실용적으로 크게 도움이 될 수 있다. 예컨대 2개의 모드에 대한 잔류진동을 저감하는 경우 그중 1개 모드는 제안된 방법으로, 나머지 1개 모드는 입력성형을 이용한 저감방법을 고려한 후 적용하게 되면 입력성형에서 2개 모드를 고려한 경우에 비해 간단하게 입력성형을 할 수 있게 된다. 그림 10.13은 2모드 시스템에서 이와 같이 제안된 삼각형 프로파일과 입력성형을 결합해서 사용하는 것을 예시하고 있다.

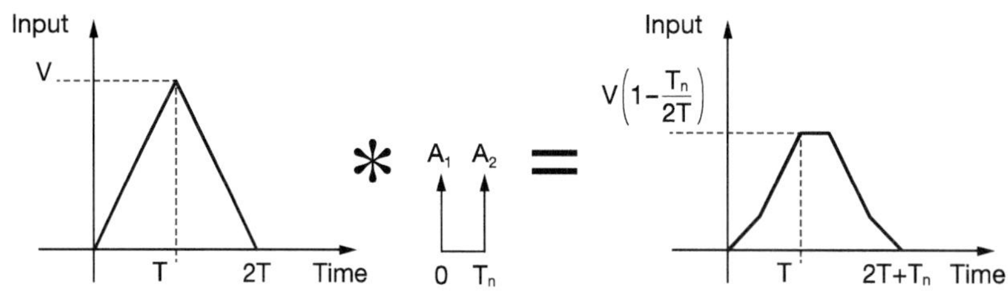

그림 10.12 2차 모드에 대한 ZV 입력성형기와 삼각형 속도프로파일을 동시에 적용한 사례

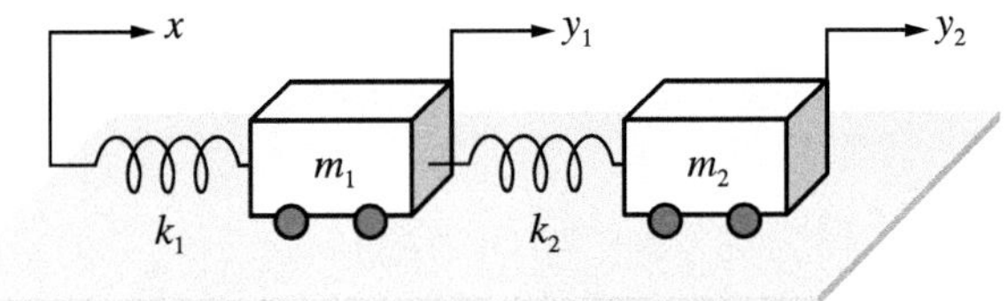

그림 10.13 2 자유도 이송계 개념도

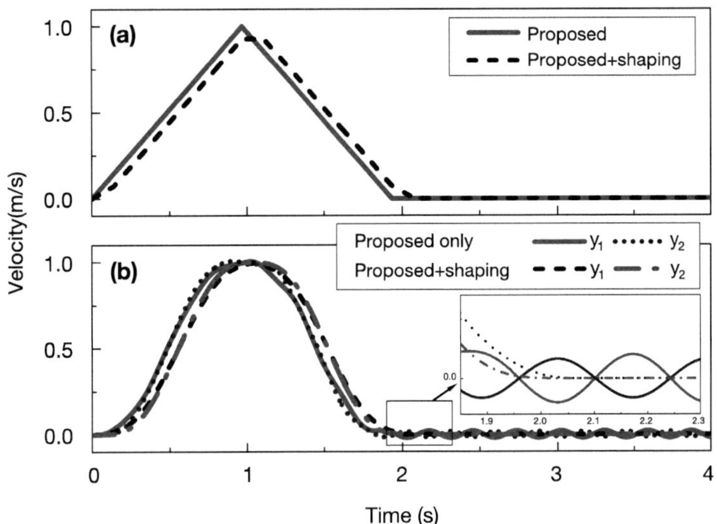

그림 10.14 2차모드에 대한 ZV 입력성형기와 삼각형 속도프로파일을 적용한 경우의 응답: (a) 입력 프로파일 (b) 출력 속도

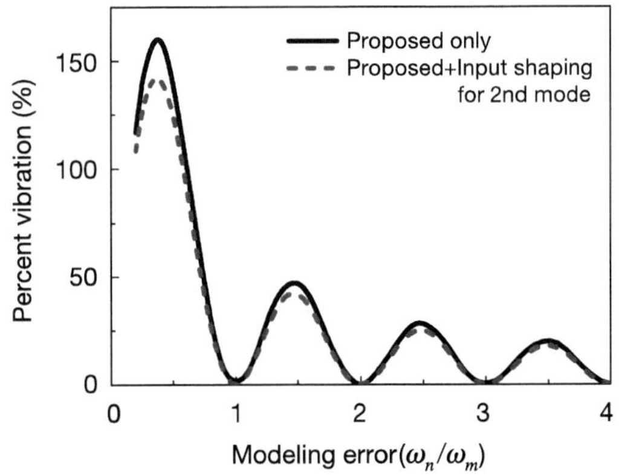

그림 10.15 2차모드의 주파수 오차에 따른 잔류진동 민감도 비교: 제안된 방법만을 적용한 경우와 2차모드에 대한 입력성형을 동시 적용한 경우

(2) 시뮬레이션

2자유도 이송계의 운동에 의한 진동을 시뮬레이션하기 위하여 그림 10.13과 같은 진동계를 고려하였다. 그림 10.13에서 y_1, y_2는 진동계 응답을 나타내며, x는 이송계에 전달되는 운동입력이다. 그림 10.13의 진동계에 대한 운동방정식은 다음과 같이 표현된다.

$$\begin{bmatrix} m_1 & 0 \\ 0 & m_2 \end{bmatrix} \begin{Bmatrix} \ddot{y}_1 \\ \ddot{y}_2 \end{Bmatrix} + \begin{bmatrix} k_1 + k_2 & -k_2 \\ -k_2 & k_2 \end{bmatrix} \begin{Bmatrix} y_1 \\ y_2 \end{Bmatrix} = \begin{bmatrix} k_1 x \\ 0 \end{bmatrix} \tag{10.6}$$

운동방정식에서 강성은 각각 $k_1 = 20\pi, k_2 = 70\pi\, N/m$로 두었고, 질량은 $m_1 = m_2 = 1kg$을 적용하여 시뮬레이션을 수행하였다. 그림 10.14는 제안한 방법을 적용한 경우와 제안 방법과 2차모드에 대한 입력성형기법을 함께 적용한 결과를 비교한 그림이다. 2개 이상의 모드를 가진 경우 제안한 방법만을 적용하면 동작이 완료된 후 두 번째 모드에 의한 잔류진동이 남아 있는 것을 확인할 수 있다. 그러나 제안된 삼각형프로파일과 2차모드에 대한 입력성형을 함께 적용한 경우 잔류진동이 효과적으로 억제된 것을 볼 수 있다.

그림 10.15는 고유진동수의 오차에 따른 잔류진동의 크기를 삼각형프로파일만 적용한 경우와 2차모드에 대한 입력성형을 결합한 경우를 비교해서 보여주고 있다. 2차모드에 대한 입력성형을 적용한 경우는 2차모드에 의한 효과가 없어 그림 10.11에서 보여준 단일 모드에 대한 민감도 선도가 얻어지는 반면 삼각프로파일만을 적용한 경우에는 제거하지 않은 2 차모드의 영향으로 인해 오차에 의한 감도가 약간씩 상승하는 것을 볼 수 있다. 그러나 전체적으로는 유사한 성능을 보이고 있음을 알 수 있다. 특히 기준 주기의 배수에서 1차모드에 의한 진동이 소멸하여 2차모드에 의한 매우 작은 진동이 남게 되며, 삼각형 프로파일과 입력성형을 함께 적용한다면 잔류진동 전체를 효과적으로 제거하는 것이 가능함을 알 수 있다. 전체적으로 고유진동수 오차에 대한 진동발생률이 완만한 변화를 보이고 있어 고유진동수 오차가 예상되는 실제 조건에서 강건성을 보일 수 있을 것으로 기대된다.

10.5 실험 및 토의

(1) 실험장치

실험장치는 외팔보와 질량으로 구성된 진동계와 진동계를 이송하기 위한 이송계로 구성된다. 그림 10.16은 실제 실험장치와 그 개념도를 보여주고 있다. 이송계는 서보모터와 볼스크류를 이용하여 구동이 되며 서보모터의 제어를 위해 PMAC제어기를 사용하였다. 진동을 관측하기 위해 보의 끝단에 가속도 센서를 설치하였다.

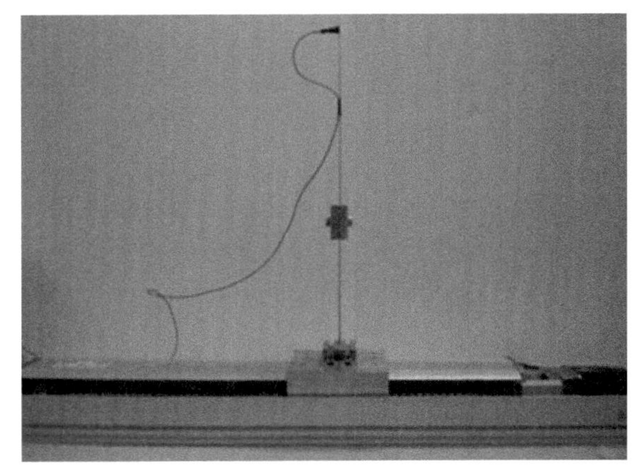

(a) 실험장치 사진

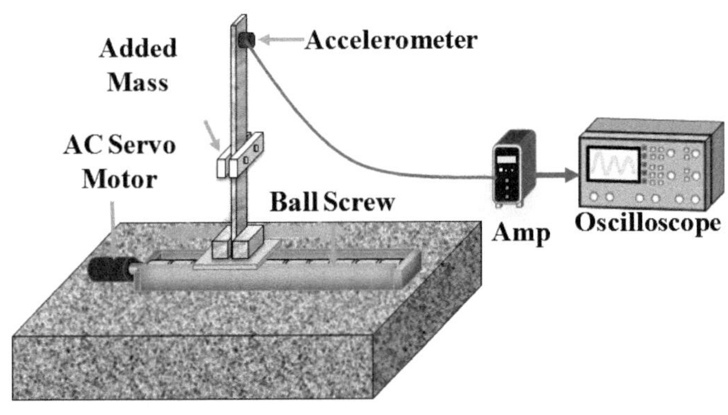

(b) 개념도

그림 10.16 실험장치 셋업

(2) 단거리 이송 실험

제안된 삼각형 속도프로파일의 적용을 위해 먼저 진동계의 고유진동수를 확인하여야 한다. 일반적인 이송을 위한 사다리꼴 입력에 의한 잔류진동을 주파수 처리하여 분석한 결과 1차: 4.23Hz, 2차: 16.9Hz의 고유진동수를 확인할 수 있었다. 실험은 동일한 거리, 이송시간을 기준으로 사다리꼴의 속도프로파일과 제안된 삼각형 속도프로파일을 적용하였다.

먼저 그림 10.17은 단거리 이송 시 가감속주기를 고유주기에 일치시킨 삼각형 프로파일 및 일반 사다리꼴 프로파일을 보여주고 있다. 그림 10.18은 이와 같은 조건에서의 진동계 가속도 응답을 보여주고 있다. 제안된 삼각형 프로파일을 관측하면 2차 모드에 의해 고주파성분이 관측되고 있으나 1차모드가 크게 줄어 전체적으로 진동이 많이 감소한 것을 볼 수 있다.

그림 10.19와 10.20은 단거리 이송을 위해 출발-정지가 반복되는 조건을 위한 속도프로파일과 해당되는 가속도계 응답을 보여주고 있다. 앞서 1회 출발-정지를 실시한 경우와 마찬가지로 2차모드에 의한 고주파성분을 제외하면 삼각형 프로파일에서 양호하게 입력을 추종하고 있으며 잔류진동도 크게 감소함을 볼 수 있다.

(3) 다모드 진동억제 실험

앞서 얻어진 실험결과로부터 제안된 방법에 의해 단거리 이송에 따른 진동을 크게 억제할 수 있으나 2차모드에 의한 고주파 진동이 남아 있음을 볼 수 있다. 이를 제거하기 위해 2차모드에 대해서는 입력성형기를 도입하여 속도프로파일을 수정하였다. 그림 10.21은 적용된 속도프로파일 및 그 가속도 측정결과를 비교해서 보여주고 있다. 사다리꼴 속도프로파일을 적용한 경우, 이송 후 진동이 크게 발생하는 것을 볼 수 있다. 삼각형 프로파일을 적용한 경우에는 잔류진동이 크게 감소하였지만 두 번째 모드에 의한 진동이 남은 것을 볼 수 있다. 이러한 두 번째 모드에 의한 진동은 삼각형 프로파일에 ZV입력성형을 통해 수정한 속도프로파일을 적용한 경우 크게 억제된 것을 확인할 수 있다.

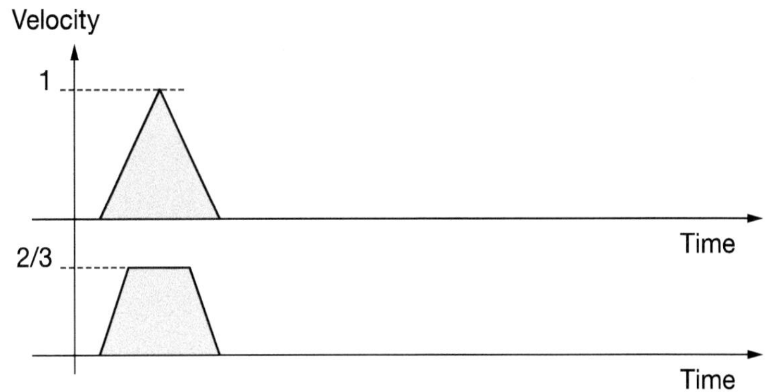

그림 10.17 단거리 이송을 위한 속도프로파일: 삼각형과 사다리꼴 속도 프로파일

10.6 요약

이 장에서는 가감속시간을 조절하는 방식으로 잔류진동을 억제하는 방법을 소개하였으며 시뮬레이션 및 실험 결과를 제시하였다. 대표적인 속도프로파일 중 사다리꼴과 삼각형꼴을 중심으로 그 타당성을 보였다. 특히 삼각형꼴에 대한 방법은 출발-정지를 반복하며 단거리를 이동해야 하는 경우에 유용하게 활용할 수 있다. 이 방법은 입력프로파일을 직접 수정하는 방식으로서 입력변화를 위한 추가적인 작업 없이 이루어질 수 있어 매우 효과적이다. 적용 시 주의할 점은 이미 검토한 바와 같이 감쇠가 적은 시스템에 특히 유용하며 감쇠가 있게 되면 그 성능이 다소 나빠질 수 있다는 점이다. 그러나 감쇠가 있다 하더라도 전체적으로는 미소한 진동을 보이게 되므로 활용성이 크게 나빠지지는 않는다. 방법의 활용도를 높이기 위해 입력성형기법과 결합하여 다모드의 잔류진동저감에 사용이 가능하다는 점도 고려할 가치가 있다.

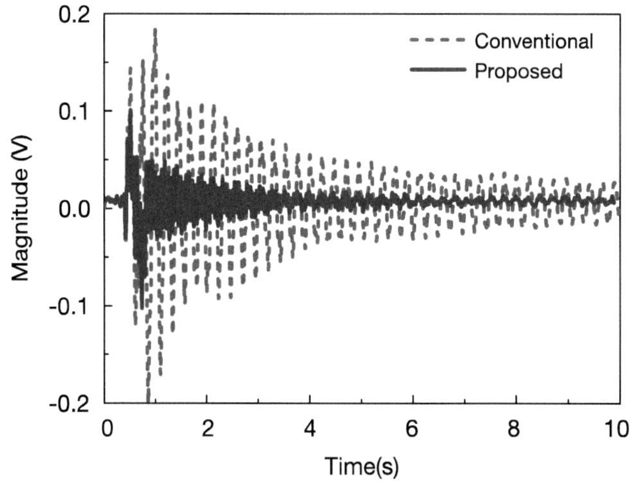

그림 10.18 제안된 속도프로파일과 기존 사다리꼴 속도 프로파일에 따른 응답 측정 결과 비교

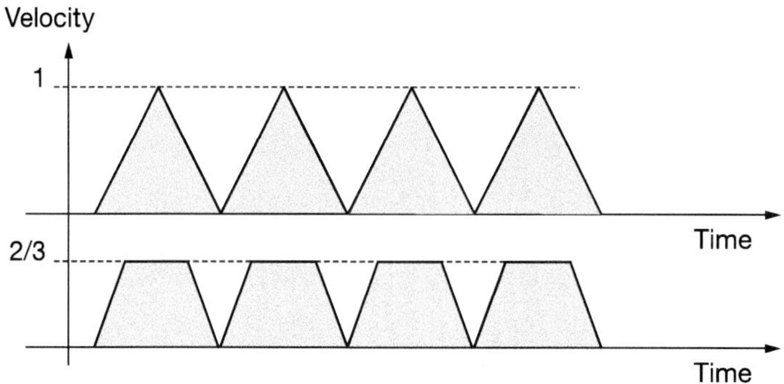

그림 10.19 반복적인 단거리 이송을 위한 속도프로파일: 제안된 삼각형 프로파일과 기존의 사다리꼴 프로파일

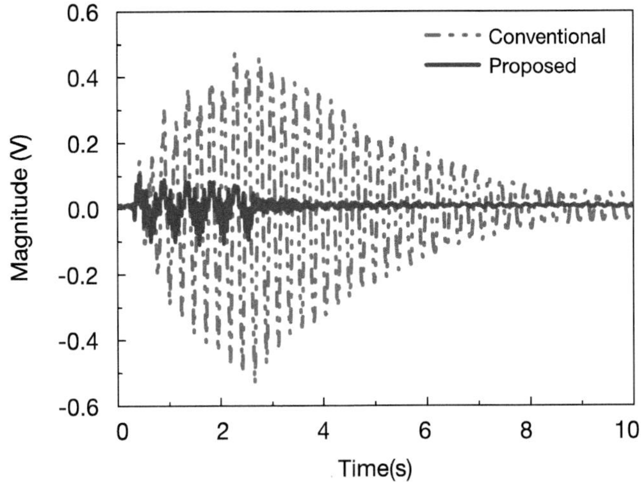

그림 10.20 반복적인 단거리 이송에 따른 응답 비교:
제안된 삼각형 속도프로파일과 기존 사다리꼴 속도프로파일

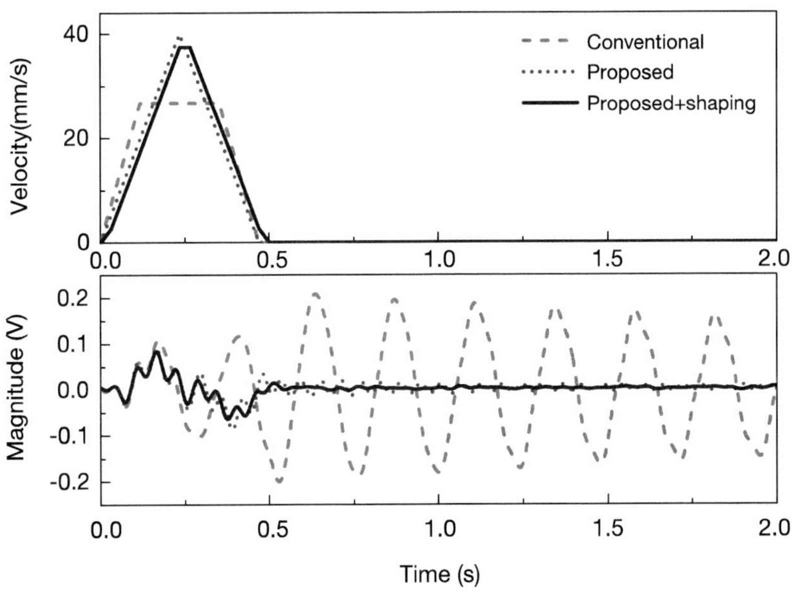

그림 10.21 2 모드 시스템에 대한 실험 응답 비교: 기존 사다리꼴 프로파일, 제안된 삼각형 프로파일, 그리고 2차모드에 대한 입력성형을 통해 수정된 삼각형 프로파일

CHAPTER

11

MATLAB을 이용한 입력성형 시뮬레이션

11.1 개요

MATLAB은 시스템공학 및 제어공학에 있어 필수불가결한 유용한 도구로 활용되고 있다. 입력성형기법의 개발이나 연구에도 MATLAB을 다양한 방식으로 활용할 수 있다.

이 장에서는 MATLAB을 이용한 입력성형 시뮬레이션 방법에 대해 예제를 통해 설명하였다. 특히 MATLAB에서 기본적으로 제공하는 내장함수를 이용하여 시뮬레이션을 수행하는 방법과 여기서 제공하는 함수를 활용하는 방법으로 나누어 설명하였다.

11.2 응답 시뮬레이션

프로그램을 설명하기 위해 고려한 대상 시스템은 다음과 같이 두었다.

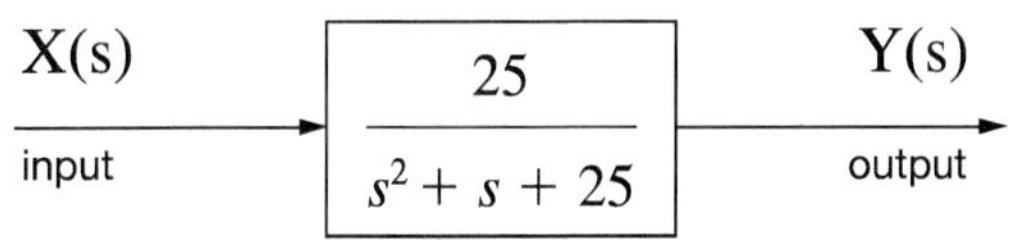

그림 11.1 시뮬레이션 대상 시스템

(1) 계단응답

단위계단응답을 구하는 MATLAB 내장함수는 'step'으로써 다음과 같은 과정을 통해 응답을 구할 수 있다.

[프로그램]

```
% 시스템 전달함수
        num=[25]
        den=[1 1 25]
% 단위계단응답 계산 실행
        step(num,den)
```

여기서 함수 'step'은 주어진 전달함수에 단위계단입력이 주어질 때의 응답을 구하고 이를 그림으로 그려주는 기능을 한다.

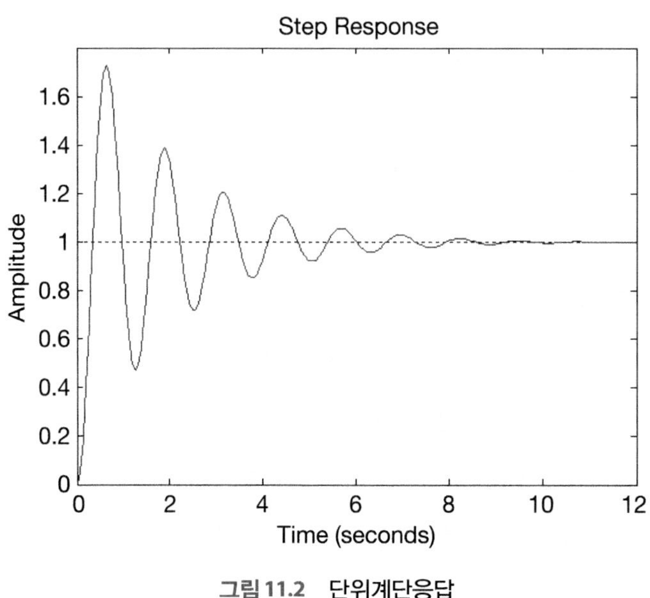

그림 11.2 단위계단응답

(2) 램프응답

램프응답을 구하는 MATLAB 내장함수는 없으므로 시스템을 수정하여 내장함수인 'step'을 사용하는 방법과 램프입력을 구성하여 선형시스템에 대한 시간응답을 구하는 lsim 함수를 사용하는 방법 등 두 가지 방법이 활용 가능하다. 그림 11.3은 lsim을 이용하여 램프응답을 구한 결과를 보여주고 있다.

① step 이용방법

[프로그램]

```
% 수정된 전달함수
        num=[25]
        den=[1 1 25 0]
        sys=tf(num,den)
```

```
% 단위계단함수
            step(sys)
```

② lsim 이용방법

[프로그램]

```
% 전달함수 표현
        num=[25]
        den=[1 1 25]
        sys=tf(num,den)
% 램프입력 생성
        t=0:0.01:4;
        u=t;
% 응답계산 및 그래프 그리기
        y=lsim(sys,u,t)
        plot(t,u,'k:',t,y,'b')
```

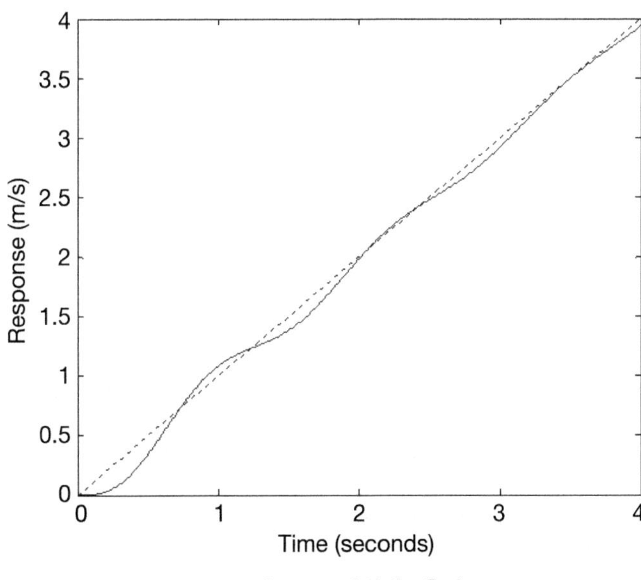

그림 11.3 단위램프응답

(3) 사다리꼴 입력에 대한 응답

사다리꼴은 시스템에 가장 널리 적용되는 입력으로서 활용빈도가 매우 높다. 다음은 사다리꼴 입력을 만들어 시스템에 입력하는 시뮬레이션을 소개하고 있다. 그림 11.4는 시뮬레이션 결과를 보여주고 있다.

[프로그램]

```
% 사다리꼴 입력 구성
%  ① 0.5초 동안 0에서 1로 증가
%  ② 4초 동안 1 유지
%  ③ 0.5초 동안 1에서 0으로 감소
%  ④ 2초 동안 계속 0으로 유지
        dt=0.001;
        t1=0:dt:5;
        u1=0:1/(0.5/dt):1;
        u2(1,1:(4/dt)-1)=1;
        u3=1:(-1/(0.5/dt)):0
        t2=5+dt:dt:7;
        u4=zeros(1,length(t2));
        u=[u1 u2 u3];
        t=[t1 t2];
% 입력 그리기
        plot(t,u,'k:')
        hold on
% 전달함수
        num=[25];
        den=[1 1 25];
        sys=tf(num,den);
% 응답계산 및 그리기
        y=lsim(sys,u,t);
        plot(t,y,'b')
```

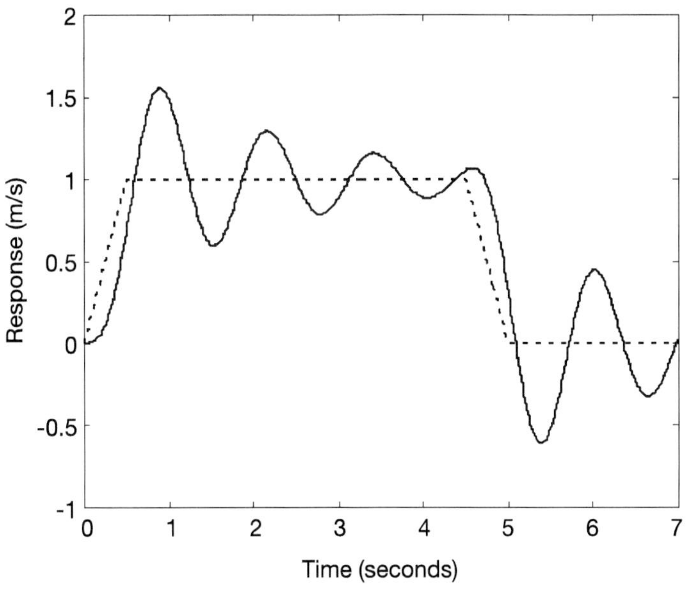

그림 11.4 사다리꼴 입력에 대한 응답

(4) 입력성형된 계단입력에 대한 시간응답

이 예제는 가장 단순한 입력성형기인 ZV 성형기를 이용하여 단위계단입력을 성형한 경우의 응답 시뮬레이션을 소개하고 있다. MATLAB 내장함수를 이용하는 방법과 11.3절에 소개된 자체 개발 함수를 이용하는 방법을 나누어 소개하였다. 결과는 그림 11.5에 예시하였다.

① 내장함수를 이용한 시뮬레이션 방법

[프로그램]

```
% 기준입력 및 시간열 생성
        u=ones(1,400);
        dt=0.01;    % 시간간격
        t=0:dt:(length(u)-1)*dt;
% 대상 시스템 정의 (비감쇠)
        fn=1;     % Hz
        wn=fn*2*pi;    % rad/s
        zeta=0.0;
        sys=tf(wn^2,[1 2*zeta*wn wn^2]);
% 두 번째 임펄스 시간 위치
```

```
        fd=fn*sqrt(1-zeta^2);
        T=1/fd/2;
% ZV 성형된 계단입력 구성
        us=u;
        us(1,1:T/dt)=ones(1,T/dt)*0.5;
% 응답계산 및 결과 그리기
        [ys,ts]=lsim(sys,us,t);
        plot(t,us,'k:',ts,ys,'b')
```

② 자체 개발 함수를 이용한 시뮬레이션

[프로그램]

```
% 기준입력 및 시간열 생성
        u=ones(1,400);
        dt=0.01;
        t=0:dt:(length(u)-1)*dt;
% 대상 시스템 정의
        fn=1;
        wn=fn*2*pi;
        zeta=0.1;
        sys=tf(wn^2,[1 2*zeta*wn wn^2]);
% ZV 입력성형기 계산
        [dshap,eshap]=zv(fn,zeta,dt)
% 성형된 입력 계산
        [tshap,ushap]=convolve(u',dshap,dt);
% 응답 계산 및 결과 그리기
        ys=lsim(sys,ushap,tshap);
        plot(tshap,ys)
```

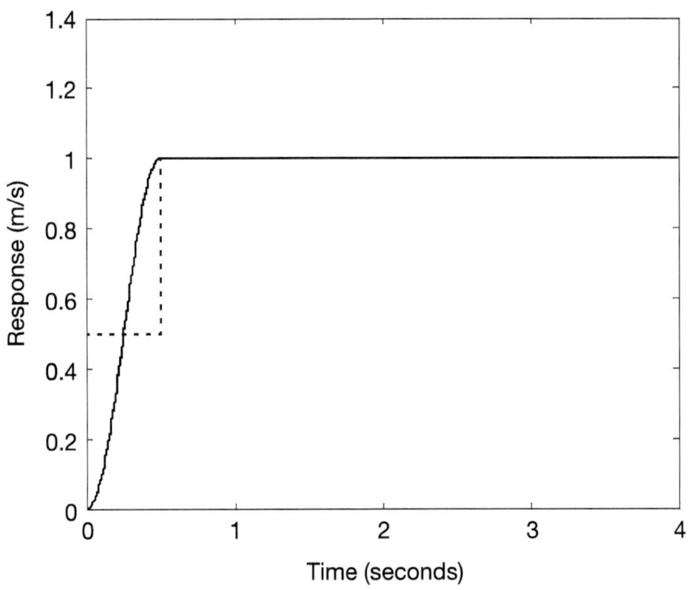

그림 11.5 입력성형을 적용한 수정된 입력 및 응답

(5) 사다리꼴 입력에 대한 입력성형 결과 계산 예시

사다리꼴 입력에 대해 입력성형을 적용하여 시뮬레이션하는 것을 예시하였다. 결과는 그림 11.6에 보이고 있다.

[프로그램]

```
% 가속시간 및 최대속도 지정
        acct=0.7;        % 가속시간
        vmax=1;          % 최대속도
 % 가속시간과 감속시간 동일하게 지정
        acc=acct;
        dec=acc;
% 등속 유지 시간 및 전체 시간 설정
        convel=4;
        tfin=acc+convel+dec;
% 시간 스텝 및 시간열 결정
        dt=0.01;
        t=0:dt:tfin;
```

```
% 기준 속도 프로파일 구성
        u1=0:vmax/(acc/dt):vmax;
        u2(1,1:(convel/dt-1))=vmax;
        u3=vmax:-vmax/(dec/dt):0;
        u=[u1 u2 u3];
% 시스템 정의
        fn=1;
        wn=fn*2*pi;
        zeta=0.0;
        sys=tf(wn^2,[1 2*zeta*wn wn^2]);
% 입력성형기 결정 및 입력성형 적용
        [dshape,eshape]=zvd(fn,zeta,dt);
        [tshape,ushape]=convolve(u',dshape,dt);
% 응답 계산 및 결과 그리기
        [ys,ts]=lsim(sys,ushape,tshape);
        plot(tshape,ushape,'k:',ts,ys,'b')
```

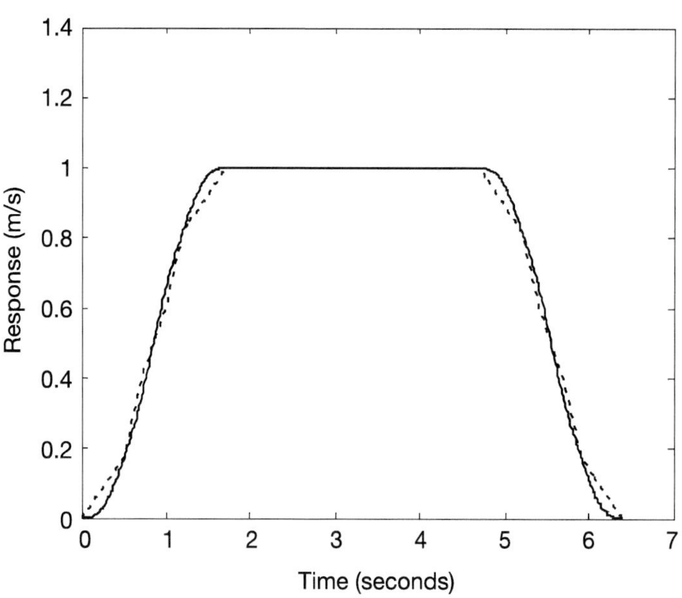

그림 11.6 사다리꼴 입력에 대한 입력성형 후의 응답

(6) 2모드 시스템의 입력성형

다모드 시스템에 대한 시뮬레이션 방법을 이해할 수 있도록 2모드 시스템에 대해 입력성형을 적용하는 내용을 제시하였다. 시스템을 구성하고 각 모드별 입력성형기를 구성한 후 이들을 컨볼루션하여 수정된 입력을 구성하는 일련의 과정을 보이고 있다. 결과는 그림 11.7에 예시하였다.

[프로그램]

```
% 기준입력 구성 (단위계단 입력)
        vmax=1;         % 최대속도
        dt=0.01;        % 시간간격
        convel=5;       % 등속유지시간
        t=0:dt:convel; % 시간배열
        u(1,1:length(t))=vmax;  % 기준속도배열
% 시스템 특성치 결정
        f1=1;            % 1차모드 1Hz
        wn1=f1*2*pi;    % rad/s
        zeta1=0.1;      % 1차모드 감쇠비 0
        f2=3;            % 2차모드 3Hz
        wn2=f2*2*pi;    % rad/s
        zeta2=0.05;     % 2차모드 감쇠비 0
% 2 자유도계 시스템 구성
        sys1=tf(wn1^2,[1 2*zeta1*wn1 wn1^2]);
        sys2=tf(wn2^2,[1 2*zeta2*wn2 wn2^2]);
        sys=series(sys1,sys2)
% 개별 모드에 대한 입력성형기 구성
        [dshape1,eshape1]=zv(f1,zeta1,dt);
        [dshape2,eshape2]=zv(f2,zeta2,dt);
% 2모드 입력성형기를 합성(컨볼루션)한 입력성형기 구성
        [dshape]=conv(dshape1,dshape2);
% 입력의 성형 및 응답 시뮬레이션
        [tshape,ushape]=convolve(u',dshape,dt);
        [ys,ts]=lsim(sys,ushape,tshape);
```

```
% 결과 그리기
        plot(tshape,ushape,'k:',ts,ys,'b')
```

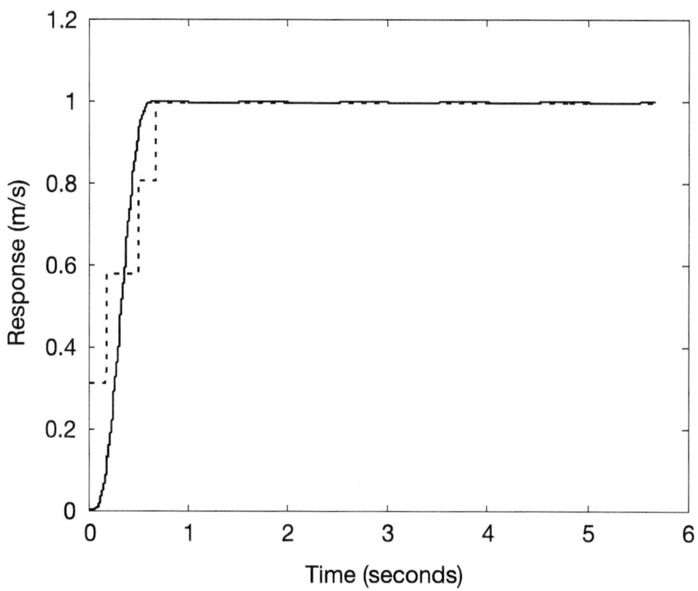

그림 11.7 2 모드 시스템에 대한 단위계단과 입력성형 후의 응답

11.3 입력성형 적용을 위한 함수

(1) zv

```
[dshape, eshape]=zv(fn,zeta,deltaT)
```

이 함수는 ZV 입력성형기를 위한 디지털 시퀀스 데이터 및 입력성형기를 제공한다. 입력 및 출력은 다음과 같다.

[입력]

fn - 고유진동수 (Hz)
zeta - 감쇠비

deltalT - 시간간격 (s)

[출력]

dshape - 입력성형기 디지털 시퀀스
eshape - 입력성형기 임펄스 시간 간격 및 크기

[함수]

```
function [dsh,esh] = zv(fn,zeta,dT)

% ZV(fn,zeta,dT) -- Bill Singhose
% Generates a ZV shaper for 1 mode.
% fn - frequency (Hz) of vibration being controlled.
% zeta - damping ratio of vibration being controlled.
% dT - time spacing at which input to system is updated.
%
% This function generates the exact sequence and then convert
% the exact sequence to digital format.

wn=2*pi*fn;
wd=wn*sqrt(1-zeta^2)
shaperdeltaT=pi/wd;
K=exp(-zeta*pi/(sqrt(1-zeta^2)));

time2=shaperdeltaT;

amp1=1/(1+K);
amp2=K/(1+K);

esh=[0  amp1;time2 amp2];

dsh = zeros(round(esh(length(esh),1)/dT)+2,1);

for nn=1:length(esh),
         index = floor(esh(nn,1)/dT);
         wf = (esh(nn,1)-index*dT)/dT;
```

```
          dsh(index+2) = dsh(index+2)+wf*esh(nn,2);
          dsh(index+1) = dsh(index+1)+esh(nn,2)-...
          wf*esh(nn,2);
end

while dsh(length(dsh)) == 0,
          dsh = dsh(1:(length(dsh)-1));
end
```

(2) zvd

```
[dshape, eshape]=zvd(fn,zeta,deltaT)
```

이 함수는 ZVD 입력성형기를 위한 디지털 시퀀스 데이터 및 입력성형기를 제공한다. 입력 및 출력은 다음과 같다.

[입력]

```
fn - 고유진동수 (Hz)
zeta - 감쇠비
deltaT - 시간간격 (s)
```

[출력]

```
dshape - 입력성형기 디지털 시퀀스
eshape - 입력성형기 임펄스 시간 간격 및 크기
```

[함수]

```
function [dsh,esh] = zvd(fn,zeta,dT)

% [dsh,esh]=ZVD(fn,zeta,dT)-- Bill Singhose
% Generates a ZVD shaper for 1 mode.
%
% fn - frequency (Hz) of vibration being controlled.
% zeta - damping ratio of vibration being controlled.
% dT - time spacing at which input to system is updated.
```

```
%
% This function generates the exact sequence and then
% convert the exact sequence to digital format.

wn=2*pi*fn;
wd=wn*sqrt(1-zeta^2)
shaperdeltaT=pi/wd;
K=exp(-zeta*pi/(sqrt(1-zeta^2)));

time2=shaperdeltaT;
time3=2*shaperdeltaT;

amp1=1/(1 + 2*K + K^2);
amp2=2*K/(1 + 2*K + K^2);
amp3=K^2/(1 + 2*K + K^2);
esh=[0 amp1;time2 amp2;time3 amp3];

dsh = zeros(round(esh(length(esh),1)/dT)+2,1);

for nn=1:length(esh),
         index = floor(esh(nn,1)/dT);
         wf = (esh(nn,1)-index*dT)/dT;
         dsh(index+2) = dsh(index+2)+wf*esh(nn,2);
         dsh(index+1) = dsh(index+1)+esh(nn,2)-...
         wf*esh(nn,2);
end

while dsh(length(dsh)) == 0,
         dsh = dsh(1:(length(dsh)-1));
end
```

(3) convolve

```
[tshape,ushape]=convolve(u',dshape,deltaT)
```

이 함수는 기준입력을 입력성형기를 이용하여 수정하여 수정된 입력과 시간열을 제공한다.

[입력]

u - 수정되기 전 입력
dshape - 입력성형기 디지털 시퀀스
deltaT - 시간간격 (s)

[출력]

tshape - 수정 후 시간열
ushape - 수정된 입력

[함수]

```
function [T,ShapedInput] = convolve(Input,Shaper,deltaT)

% Convolve(Input,Shaper,deltaT) -- Bill Singhose
% function [T,ShapedInput] = convolve(Input,Shaper,deltaT)
% Convolves Input and Shaper, and then returns the result
% ShapedInput.
% A time vector, T, which has the same number of rows as
% ShapedInput, is also returned. T starts at zero and is
% incremented deltaT each step.
% Input can be an nxm matrix,where m is the number of inputs.
% Shaper must be a row or column vector.

[rows,columns]=size(Input);
shlen=length(Shaper);
% Pad the Input vector with j extra final values.
% Where, j is the length of the shaper.
for j=1:shlen
  for jj=1:columns
    Input(rows+j,jj)=Input(rows,jj);
  end
end
```

```
% Perform Convolution
for i=1:columns
  ShInput(:,i)=conv(Input(:,i),Shaper);
end

% Delete convolution remainder
ShapedInput=ShInput(1:rows+shlen-1,:);

T=(0:deltaT:(length(ShapedInput)-1)*deltaT)';
```

CHAPTER

12

모션제어보드 프로그래밍 방법

12.1 개요

입력성형기법을 실제 장비에 적용하기 위해서는 서보모터를 제어해야 하는 경우가 빈번하다. 특히 정밀이송계는 서보모터 및 이를 제어하기 위한 모션제어보드를 사용하게 되는데, 입력성형을 하기 위해서는 모션제어보드에 인가하는 속도프로파일을 수정한 후 인가하는 과정이 필요하다. 이 장에서는 서보모터 제어를 위해 널리 사용되는 PMAC 모션제어보드에 대해 입력성형 프로그래밍을 하는 방법에 대해 설명하였다.

12.2 PMAC 모션제어기

PMAC 모션제어기는 PC를 통하여 제어프로그램을 작성하여 구동시키며, 이를 위해 전용의 구동코드를 사용한다. PMAC을 이용하여 1축 스테이지의 구동 시스템을 구성해보면 그림 12.1과 같다. 이 보드는 서보모터 엔코더의 신호를 이용하여 제어를 하는 것이 가능하므로 그림 12.2와 같이 시스템의 되먹임제어가 가능한 장치이다.

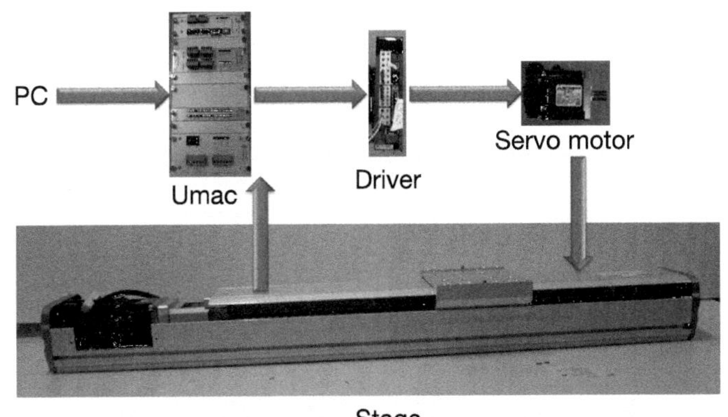

그림 12.1 PMAC 실험장치 구성 예

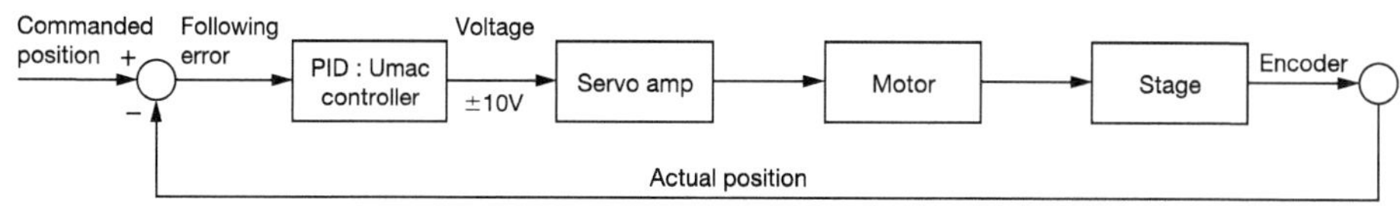

그림 12.2 서보제어 방법

PMAC의 주요 모션제어모드는 위치, 속도, 토크 제어방법 등이 있으며 사용조건에 따라 적절한 제어게인을 설정하여야 한다. PMAC에서 사용되는 제어 블록은 그림 12.3과 같으며 각각의 게인들은 PMAC 내에 모터설정변수인 I변수에서의 설정이 가능하다.

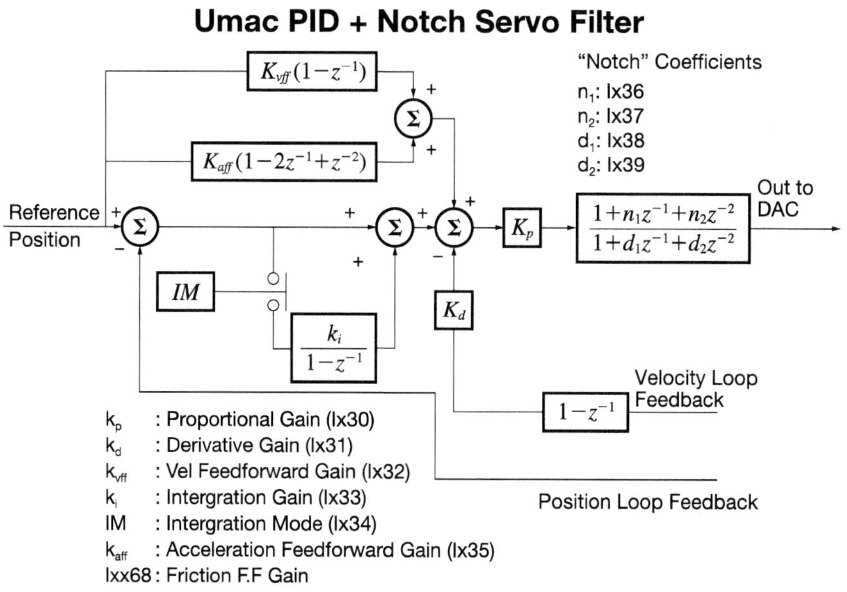

Umac PID + Notch Servo Filter

"Notch" Coefficients
n_1: Ix36
n_2: Ix37
d_1: Ix38
d_2: Ix39

$K_{vff}(1-z^{-1})$, $K_{aff}(1-2z^{-1}+z^{-2})$, IM, $\frac{k_i}{1-z^{-1}}$, K_p, K_d, $1-z^{-1}$, $\frac{1+n_1z^{-1}+n_2z^{-2}}{1+d_1z^{-1}+d_2z^{-2}}$

Reference Position
Out to DAC
Velocity Loop Feedback
Position Loop Feedback

k_p : Proportional Gain (Ix30)
k_d : Derivative Gain (Ix31)
k_{vff} : Vel Feedforward Gain (Ix32)
k_i : Intergration Gain (Ix33)
IM : Intergration Mode (Ix34)
k_{aff} : Acceleration Feedforward Gain (Ix35)
Ixx68 : Friction F.F Gain

그림 12.3 PMAC 블록선도

12.3 PMAC 모션제어 프로그램

PMAC 제어기는 자체적으로 정의한 코드를 이용하여 구성된 모션 구동프로그램이 이용된다. Linear모드를 이용하여 동작을 하는 경우 사용자가 정의한 거리, 속도, 가속시간 정보를 활용하여 사다리꼴의 속도프로파일을 생성한다. 그림 12.4는 PMAC프로그램에서 사다리꼴 속도프로파일을 생성하는 방법을 보여주고 있다. 속도프로파일을 생성하는 방법은 2가지로 나뉘며 이동거리(P), 최대속도(F), 가속시간(TA)을 정의하는 방법과 이동거리(P), 이동시간(TM), 가속시간(TA)을 정의하는 방법을 이용하여 구동이 가능하다.

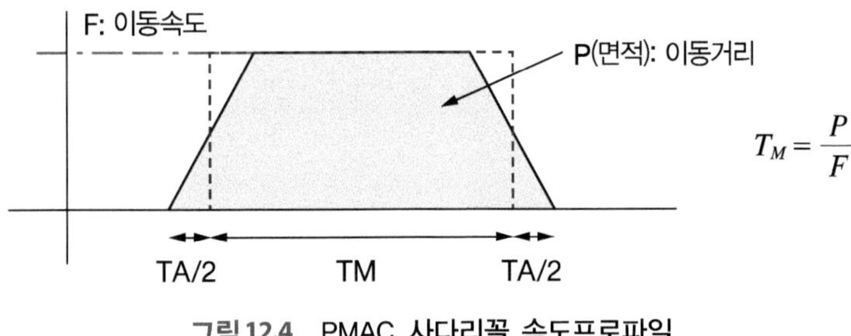

그림 12.4 PMAC 사다리꼴 속도프로파일

12.4 Linear Mode 구동

(1) 작동 프로그램

자체 제공 프로그램인 PEWIN32PRO를 사용하여 PMAC과 서보모터를 동작시킨다. PMAC과 PC와의 통신을 통하여 제어가 이루어지므로 그림 12.5와 같은 통신구성이 필요하다. 메뉴에서 Setup을 선택한 후 Force All Windows to Device Number를 클릭하여 해당하는 IP를 선택하고, 장비연결 확인을 위한 Test 버튼을 클릭한다. 테스트 성공 메시지가 보이면 PMAC 사용이 가능하게 된다.

그림 12.5 PEWIN32PRO

View 메뉴에서 Terminal, Watch window, Position, Motor status를 실행하면 프로그램상의 변수 및 서버모터의 현재상황 확인이 가능하다. 각 창의 기능은 다음과 같다.

① Terminal : 온라인 명령 실행, 변수 설정 등

② Watch Window : I, M, P, Q 변수의 값을 모니터링

③ Position : 모터들의 현재 위치, 속도, Following error를 확인. Position 창에서 마우스 오른쪽 클릭 → Velocity와 Following error 클릭

④ Motor Status : AMP Enable이나 Home Complete 등 모터의 현재 상태를 확인

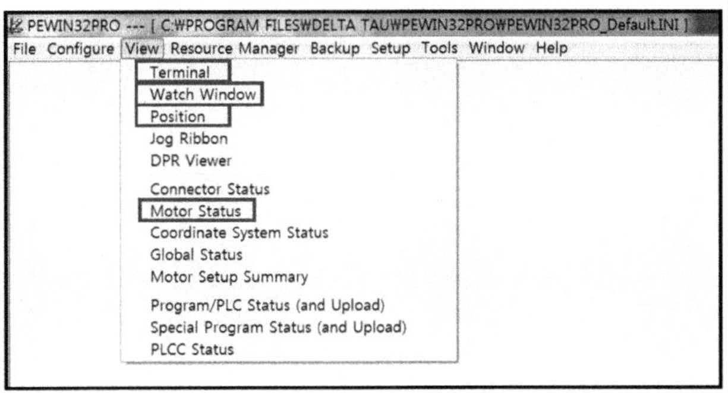

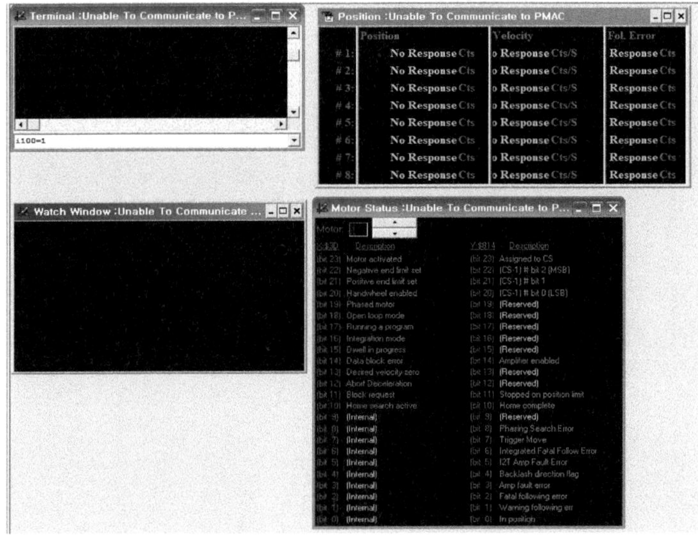

그림 12.6 PEWIN32PRO 상태창

(2) Controller 설정 및 구동

모터를 구동하는 방식에는 속도모드, 토크모드, 위치모드(Stepping motor control) 등 세 가지 방식이 있다. 모터를 작동하기 위해 작동을 위한 관련 변수 설정이 요구된다. PMAC에서의 모터구동 관련된 기본 변수 설정은 I 변수 설정을 통하여 가능하며 구동 모터 활성화, 조그 이동 관련 변수 설정, 모터 성능 관련 설정을 하여야 구동이 가능하다.

[모션 관련 주요 설정변수]

```
Ixx00 : Motor xx Activation Control (xx = 모터 번호, 1)
```

모터를 구동하기 위해서는 Ixx00 변수를 1로 설정해서 모터를 Active 시켜야 함.

Ixx19 : 최대 허용 조그 가속도(Maximum Permitted Jog Acceleration) (units : cts/msec2)
모터에서 허용 가능한 가속도 값보다 낮게 설정함.
모터 스펙 이상의 값을 설정할 경우 모터가 고장날 수 있음.

Ixx20 : 가속시간(Acceleration Time) (units: msec; integer)
S-curve 시간 없이 가속시간만 있을 경우에는 가속도 변화에 있어서 불연속점이 생겨서 모터가 불안정해질 수 있음. 시스템에 맞게 적절한 가속시간과 S-curve 시간을 설정해야 함.

Ixx21 : S 커브 시간(S-Curve Time) (units: msec; integer)
Ixx21 × 2 값이 Ixx20보다 큰 경우 Ixx20의 값을 무시하고 Ixx21 × 2 값이 전체 가속도 시간이 되는데, 이때를 full S라고 한다. 이 경우에 S-Curve 중간부분에서 최대 가속도가 발생하고, 토크가 약한 모터의 경우 문제가 발생할 수 있음.

Ixx22 : 조그 속도(Motor xx Jog Speed) (units : counts / msec)

Ixx16 : 최대 허용 속도(maximum velocity)

Ixx17 : 최대 허용 가속도(maximum acceleration)
입력이 최대 허용 속도와 가속도를 넘는 경우 무시하고 I,I 설정값으로 구동 됨.

[PID 관련 게인 설정]

Ixx30 : Proportional gain
Ixx31 : Derivative gain
Ixx32 : Velocity feed forward gain
Ixx33 : Integral gain
Ixx34 : Integration mode
Ixx35 : Acceleration feed forward gain

[서보모터 구동을 위한 기본 설정 예]

```
I100=1 // 1번 모터 activativation
I119=1 // 최대 허용 조그 가속도 = 1counts/msec 2
I120=100 // 가속시간 = 100msec
I121=20 // S 커브 시간 = 20*2 = 40msec
I122=32 // 조그 속도 = 32counts/msec
I130=300000 // P gain = 300000
```

```
I131=2200 // D gain = 2200
I132=2200 // Vff = 2200
I133=30000 // I gain = 30000
I134=0 // IM = 0
I135=0 // Aff = 0
```

(3) 프로그램을 이용한 구동

[좌표계 정의 및 구동]

좌표계 번호를 입력하고 모터번호를 축 이름에 할당하여야 한다. 구동 시 좌표계를 최우선으로 지정하여야 하며 복수의 좌표계를 사용하는 것도 가능하다. 사용가능한 축의 명칭은 X~W, A~C이다. 모터의 축은 각각의 좌표계에서 설정하여야 하며, 아래는 하나의 좌표계에 3개의 모터 축을 설정하는 사례를 보여주고 있다. 상호 독립적인 동작으로 서로 다른 프로그램으로 모터들이 제어되는 경우에는 여러 개의 좌표계를 설정하여 동작한다.

```
&1 : 좌표계 1
#1->X : 모터1을 X축으로 설정
#2->Y : 모터2을 Y축으로 설정
#3->Z : 모터3을 Z축으로 설정
```

모션 프로그램은 한 번에 한 블록씩 실행된다. 모든 계산은 이송 이전에 수행되며, 정의된 좌표계에서 실행된다. 한 프로그램은 복수 개의 좌표계에서 동시에 실행도 가능하다. 완성된 모션 프로그램을 구동하기 위하여서는 Terminal에 구동 명령어를 입력해야 한다.

프로그램 실행 절차는 다음과 같다.

① 온라인 명령어를 통해 원하는 좌표계를 선택한다 : &n

② 온라인 명령어를 통해 실행하려는 프로그램을 좌표계에 인식시킨다 : Bn

③ 실행 명령을 입력한다 : R or 〈CTRL-R〉

동작 중 프로그램 정지는 다음과 같다.

① 온라인 명령어를 통해 원하는 좌표계를 선택한다 : &n

② 정지명령 입력한다 : Q, S, A, or 〈CTRL-Q〉, 〈CTRL-S〉, 〈CTRL-A〉, 〈CTRL-K〉

[구동프로그램 및 구동 예]

사다리꼴 속도 명령을 생성하기 위하여 Linear(Blended Linear Interpolation Move Mode)모드를 사용하며 이동거리의 기준은 절대이동모드(ABS : Absolute Move Mode)와 상대이동모드(INC : Increment Move Mode) 중 선택이 가능하다. 앞에서 언급한 것과 같이 이송을 위해 가속시간 TA, S커브 시간 TS를 정의하여야 하며 TS가 0인 경우 사다리꼴의 속도프로파일이 생성된다. 최대이송속도는 F를 통해 지정하면 된다. 이송 명령에 사용되는 명령어는 이송축을 지정한 후 이송거리를 설정하여 가능하다. 그림 12.7과 같은 동작을 하는 경우에 구동을 위한 프로그램은 아래와 같다. 여기서 이송조건은 이송거리 10000count, 이송속도 5000count/s, 가속시간 500ms이고, 이송 후 복귀하는 프로그램이다.

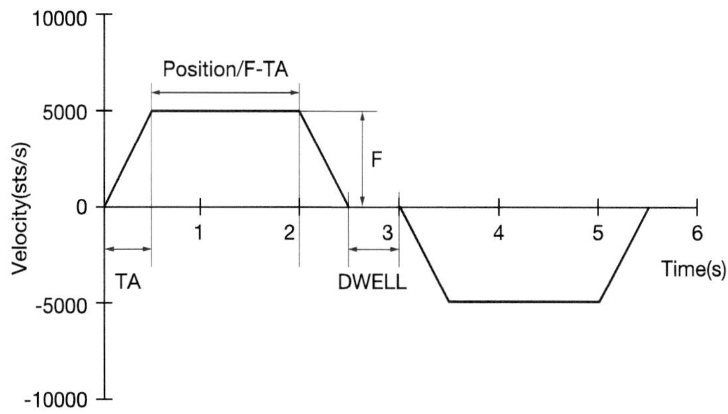

그림 12.7 속도프로파일 예

[프로그램 예]

```
****** Set-up and Definitions ********************
CLOSE     ; Make sure all buffers are closed
END GAT   ; stop data gathering
```

```
DEL GAT   ; Erase any defined gather buffer
&1        ; Coordinate System 1
#1->X     ; Assign motor 1 to the X-axis - 1 program unit
********* Motion Program Text *********************
OPEN PROG 1  ; Open buffer for program entry, Program #1
CLEAR     ; Erase existing contents of buffer
LINEAR    ; Blended linear interpolation move mode
ABS       ; Absolute mode - moves specified by position
TA500     ; Set 1/2 sec (500 msec) acceleration time
TS0       ; Set no S-curve acceleration time
F5000     ; Set feedrate (speed) of 5000 units(cts)/sec
X10000    ; Move X-axis to position 10000
DWELL500  ; Stay in position for 1/2 sec (500 msec)
X0        ; Move X-axis to position 0
CLOSE     ; Close buffer - end of program
```

12.5 입력성형기법 적용

입력성형기법을 적용하는 경우 가/감속 구간에서의 변화가 필요하다. Linear 모드의 블랜딩을 이용하여 가/감속 구간 속도를 변화하는 것도 가능하나, 입력성형을 적용하기 위한 블랜딩 동작설정이 매우 복잡하며 위치오차가 발생할 수 있는 문제점이 있다. 따라서 PMAC에서는 입력성형기법을 적용하기 위해서 PVT(Position-velocity-time)모드를 이용하는 것이 편리하다. PVT모드는 이동거리, 최종이동속도, 이동시간을 사용자가 직접 입력하는 방법이다. 입력 항목에 따라 속도프로파일을 자동으로 생성하여준다. PVT모드의 경우 사용자가 입력한 속도와 시간간격과 이동거리에 따라 프로파일을 생성한다. 예를 들어 정지상태에서 최대속도 100mm/s까지 1s 동안 50mm를 이동하는 경우에 비교해서 동일한 속도와 시간에서 이동거리를 25mm로 줄이면 속도변화율이 감소하며 가속이 1/2로 변화하게 된다.

(1) PVT모드 사용방법

그림 12.8은 PVT모드 실행 명령을 보여주고 있다. PVT모드 사용을 위해서는 PVT time을 선언하는데 여기서 PVT는 모드의 선언이며 time은 이동시간을 의미한다. PVT모드가 선언되고 이동시간이 설정되면 이동을 위한 축과 이동거리, 최종속도를 지정해주어야 한다. 최초의 속도는 현 상태의 속도를 이용하기 때문에 별도로 지정할 필요가 없다. 따라서 PVT모드를 사용하기 위해서는 이전의 속도 변화시점과 다음 시점 간의 최종속도, 이동거리, 이동시간을 계산하여 표 형태로 미리 구성할 필요가 있다.

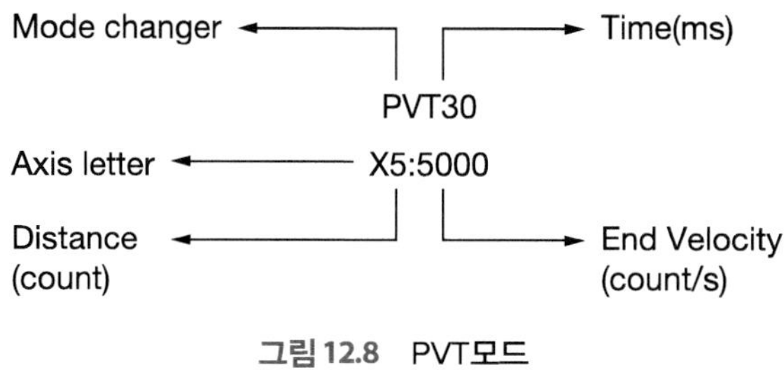

그림 12.8 PVT모드

(2) 입력성형 프로그램

PVT모드를 이용하여 입력성형기법을 적용한 프로파일 생성 사례를 예시하였다. 사용자가 가속시간, 감속시간, 이동거리, 최대속도 및 고유진동수를 이용하여 사전에 속도프로파일을 생성하여 입력하는 것으로 두었다. 그림 12.9는 적용 사례를 보여주고 있다. 여기서 이송조건은 이송거리 10000count, 이송속도 5000count/s, 가속시간 500ms이며 고유진동수가 5Hz인 경우이다. 입력성형되기 전후의 변화를 확인해볼 수 있다.

ZV 입력성형 적용을 위한 테이블 구성과정은 다음과 같다.

① 구간을 정의한다.

정의 변수: 구간개수(N, 사다리꼴 입력은 4개) 및 구간별 시간과 속도

(예) 사다리꼴: 시간:T_0, T_1, T_2, T_3 시간:0, V_{max}(최대속도), V_{max}, 0

② 정의한 구간 외에 입력성형 적용에 따른 추가 구간개수를 정의한다. 구간별 시간간격에 시스템 고유주기의 1/2을 더한다. 구간별 이동시간도 구한다. 고유주기의 1/2과 가

속시간과의 부등관계에 따라 다음과 같이 구분하여 계산한다.

T/2(고유주기의 1/2) > AccT(가속시간):

시간: T_0, T_1, T_0+T/2, T_1+T/2, T_2, T_3, T_2+T/2, T_3+T/2

T/2(고유주기의 1/2) < AccT(가속시간):

시간: T_0, T_0+T/2, T_1, T_1+T/2, T_2, T_2+T/2, T_3, T_3+T/2

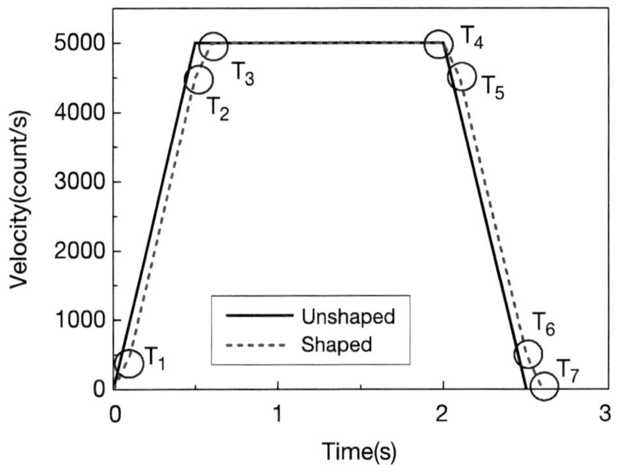

그림 12.9 입력성형기법 적용 속도 프로파일

③ 입력성형 적용 시간 간격을 이용하여 구간별 속도를 계산한다. 앞에서와 마찬가지로 고유주기의 1/2과 가속시간과의 부등관계에 따라 구분하여 계산한다.

T/2(고유주기의 1/2) > AccT(가속시간):

속도: 0, V_{max}/2, V_{max}/2, V_{max}, V_{max}, V_{max}/2, V_{max}/2, 0

T/2(고유진동수 주기의 전반) < AccT(가속시간):

속도: 0, V_{max}*(T/2)/AccT, V_{max}-V_{max}*(T/2)/AccT, V_{max}, V_{max}, V_{max}-V_{max}*(T/2)/AccT, V_{max}*(T/2)/AccT, 0

④ 구간별 이동거리를 계산한다.

이동거리 : (구간최종속도-이전속도)/2*이동시간

사다리꼴 프로파일을 입력성형하는 경우 6개의 구간이 있으며 정속구간이 포함되는 경우에는 총 7개의 구간으로 구분하여 동작하여야 한다. 이동거리 및 구간계산의 편리를 위하여 거리이동의 기준은 상대이동모드를 사용하는 것이 편리하다.

그림 12.9의 사다리꼴 속도프로파일에 입력성형 적용을 위한 실제 데이터는 다음과 같다.

T_0=0ms
T_1=100ms
T_2=400ms
T_3=100ms
T_4=1400ms
T_5=100ms
T_6=400ms
T_7=100ms

계산한 시간간격을 이용하여 각각의 속도 변화 지점의 속도를 구하는 것이 가능하다. 계산한 시간 간격과 입력성형 적용에 따른 가속 특성을 고려하여 속도를 구하면 다음과 같다.

V_0=0count/s
V_1=500count/s
V_2=4500count/s
V_3=5000count/s
V_4=5000count/s
V_5=4500count/s
V_6=500count/s
V_7=0count/s

계산된 속도와 시간 간격을 이용하여 이동거리를 계산하는 것이 가능하다. 아래와 같이 속도변화를 시간으로 곱하면 동작의 이동거리를 계산하는 것이 가능하다. 기존의 이동거리를 기준으로 시간 간격과 속도를 결정하였으므로 최종적으로 도달하는 위치는 동일하다.

P_0=0count

P_1=25count

P_2=1000count

P_3=475count

P_4=7000count

P_5=475count

P_6=1000count

P_7=25count

입력성형을 적용한 경우 입력성형 적용 전과 달리 가속과 감속구간의 시간이 증가하여 전체의 이동시간이 증가하며 정속시간이 감소한다. 이것은 입력성형 적용에 따른 속도프로파일의 변화에 기인한 것이다. 일반적으로 기존의 입력에 따른 다양한 형태의 속도 프로파일이 생성이 된다. 예를 들어 정속구간이 입력성형기의 지속시간보다 짧은 경우 최대속도에 도달하지 못하며 가감속 구간의 시간간격이 달라진다.

(3) 프로그램

[일반적인 사다리꼴 속도프로그램]

```
;********** Set-up and Definitions ********************
CLOSE     ; Make sure all buffers are closed
END GAT   ; stop data gathering
DEL GAT   ; Erase any defined gather buffer
&1        ; Coordinate System 1
#1->X     ; Assign motor 1 to the X-axis - 1 program unit
;********** Motion Program Text *********************
OPEN PROG 1 CLEAR
INS       ;Increment mode
TA80      ;가감속시간 설정(ms)
TS0       ;S-curve시간 설정(ms)
```

```
F5000      ;최대 속도 설정(count/s)
X10000     ;이동축(X,Y,Z,…) 이동거리(count)
DWELL500 ;다음 동작 기다림 시간 설정(ms)
CMD"ENDG"
CLOSE
```

[사다리꼴 입력성형 프로그램]

```
;********* Set-up and Definitions ********************
CLOSE      ; Make sure all buffers are closed
END GAT    ; stop data gathering
DEL GAT    ; Erase any defined gather buffer
&1         ; Coordinate System 1
#1->X      ; Assign motor 1 to the X-axis - 1 program unit
;******** Motion Program Text ************************
OPEN PROG 50 CLEAR
PVT0
INC        ; Increment mode
PVT100     ; T1 Set PVT moving time
X25:500    ; Move X-axis to 25, Set 500 units(cts)/sec
PVT400     ; T2 Set PVT moving time
X1000:4500    ; Move X-axis to 1000, Set 4500 units(cts)/sec
PVT100     ; T3 Set PVT moving time
X475:5000; Move X-axis to 475, Set 5000 units(cts)/sec
PVT1400    ; T4 Set PVT moving time
X7000:5000    ; Move X-axis to 7000, Set 5000 units(cts)/sec
PVT100     ; T5 Set PVT moving time
X475:4500; Move X-axis to 475, Set 4500 units(cts)/sec
PVT400     ; T6 Set PVT moving time
X1000:500; Move X-axis to 1000, Set 500 units(cts)/sec
PVT100     ; T7 Set PVT moving time
X25:0         ; Move X-axis to 25, Set 0 units(cts)/sec
DWELL500      ; Stay in position for 1/2 sec (500 msec)
CMD"ENDG"
CLOSE
```

CHAPTER

13

위치결정장치 잔류진동 억제

13.1 개요

이송계 자체가 유연성(Flexibility)이 있거나 이송계 위에 유연 구조물이 설치되어 있다면 이송 작업에 의해 필연적으로 진동이 야기된다. 특히 출발 및 정지 또는 속도 변화에 의해 야기되는 잔류진동은 이송계의 성능에 큰 영향을 미치게 되므로 입력성형기법을 이용하여 이를 제거하기 위한 많은 연구가 있었다. 여기서는 지금까지 설명한 입력성형기법을 위치결정 스테이지의 잔류진동을 제거에 적용하는 과정을 설명하였다. 사용된 입력성형기는 ZV이다. 이 책에서는 초기에 생성된 기준 명령과 입력성형기에 대해 컨볼루션 연산을 수행하여 생성된 수정된 기준 명령을 사용하였다.

13.2 정밀스테이지의 위치제어 입력성형

입력성형기법을 이용한 이송계 잔류진동 개선 효과를 검토하기 위해 실험을 실시하였다. 그림 13.1은 산업 전반에서 널리 사용되고 있는 고속 정밀 위치결정 XY 스테이지 및 제어 시스템을 모사하기 위해 구성한 실험장치에 대해 간략히 나타낸 것이다. XY 스테이지와 각 축을 구동하기 위한 서보모터 그리고 LM 가이드 등으로 구성되어 있다. 또한 XY 스테이지의 작업테이블에는 실제 작업 조건을 근사화하기 위해 적당한 질량이 부착되어 있다. XY 스테이지는 석정반 위에 고정되어 있으며 모션 컨트롤러는 DSP 보드를 사용하였다. 또한 모터에 관련된 데이터 및 모든 제어 변수(속도, 가속도, 위치 등)를 실시간으로 수정하고 모니터링할 수 있는 소프트웨어로 구성이 되어 있다.

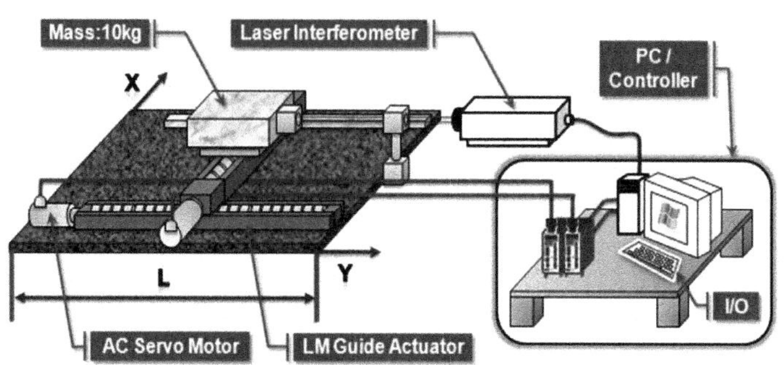

그림 13.1 스테이지 실험장치의 개략도

그림 13.2는 이송 시 발생하는 시스템의 잔류진동에 대해 기준명령과 되먹임 신호의 차로 계산된 추종오차를 나타낸 것이다. 실험결과에서 볼 수 있는 바와 같이 가속구간 및 감속구간 이후에서 구동계의 운동으로 인해 잔류진동이 존재하고 있다. 특히 목표지점에서 발생하는 잔류진동은 위치결정 시간에 직접적인 영향을 미치게 된다.

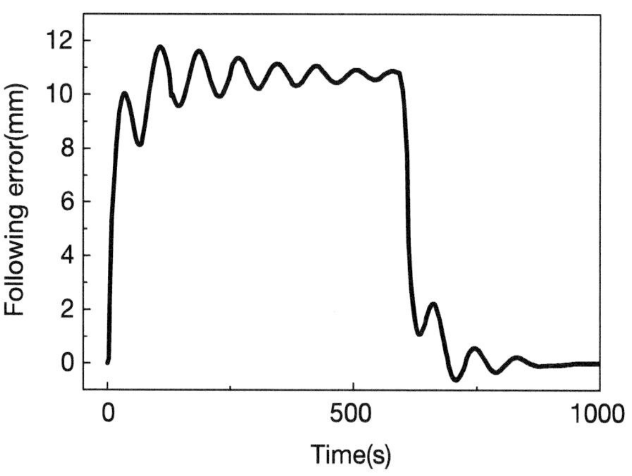

그림 13.2 입력성형을 하지 않은 경우의 추종오차

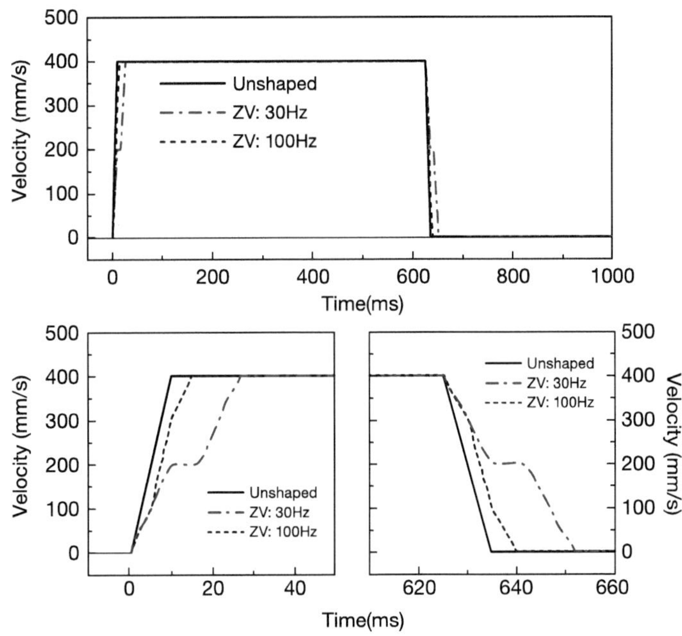

그림 13.3 입력성형을 적용한 경우와 적용하지 않은 경우의 속도 프로파일 예시: 고유진동수가 30Hz, 100Hz인 경우

그림 13.3은 위치결정 작업에서 발생하는 잔류진동을 제거하기 위한 입력성형기를 이용하여 생성한 속도프로파일을 예시한 것이다. 실선은 입력성형기법을 적용하지 않은 최초의 기준명령에 대해 나타낸 것이고, 점선은 고유진동수가 각각 30Hz와 100Hz인 시스템에 대해 ZV 성형기를 이용하여 생성한 명령을 나타낸 것이다. 시스템의 특성에 상관없이 입력성형에 의해서는 속도프로파일의 면적이 같게 되어 이동거리가 동일하게 된다.

그림 13.4는 입력성형기법을 이용한 XY 스테이지에서의 위치결정에 대한 실험 결과를 나타낸 것이다. 여기서는 고유진동수를 실측치인 12.46Hz로 두었다. 그림 13.4에서 보여지는 것처럼 위치결정 작업에 있어 점선으로 표시한 입력성형기법을 적용한 경우에 가속구간과 목표지점에서의 잔류진동 제거에 효과적임을 알 수 있다. 그러나 정지 후 잔류진동은 다소 남아 있어 이에 대한 보완이 필요하다.

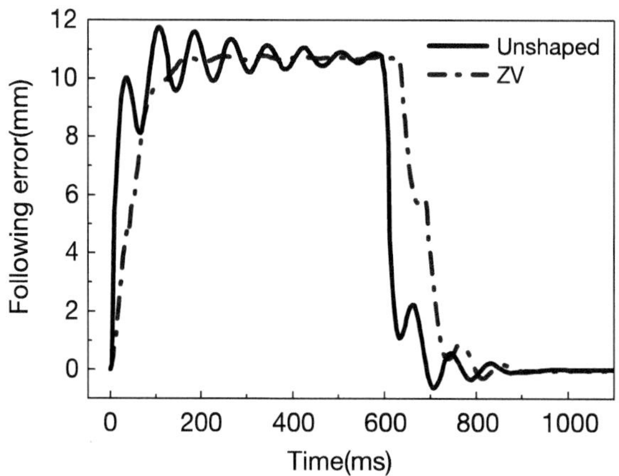

그림 13.4 입력성형을 적용한 경우와 적용하지 않은 경우의 위치오차 신호 비교

13.3 정밀스테이지 위치제어 입력성형 기법 개선

그림 13.4의 결과를 보면 입력성형기법의 적용에도 불구하고 응답의 잔류진동이 정지 시 완벽하게 제거되지 못함을 볼 수 있다. 이와 같은 결과는 실험을 통해 파악된 시스템특성이 스테이지의 동작이 시작될 때와 정지할 때 다르게 나타나는 특성에 기인한다. 이 같은 특성은 매우 이례적인 것으로서 고유진동수의 변화에 의한 것이 아니라 실험장치에 사용된 모션제어기의 특성에 기인하는 것으로서 정지 시에만 미리 설정된 S 필터가 적용되고 있기 때문이다. 이 문제를 개선하기 위해 여기서는 정지 시의 특성 변화를 고려하여 출발과 정지 시에 서로 다른 입력성형기를 적용하였다.

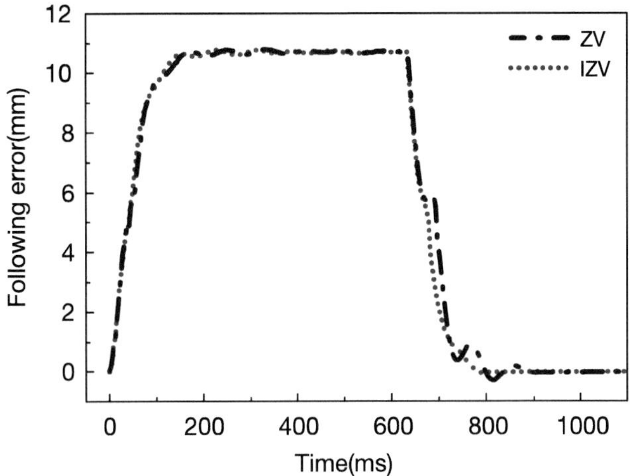

그림 13.5 기존의 입력성형기 및 개선된 입력성형기를 적용한 결과의 비교

그림 13.5는 기존의 방법 및 가속과 감속구간에 대해 서로 다른 입력성형기법을 적용한 결과를 비교해서 나타낸 것이다. 가속 및 감속구간에 동일한 입력성형기를 적용할 경우 정지 시에 잔류하던 진동이 이를 고려한 개선된 입력성형기법을 적용하면 목표 지점에서의 잔류진동이 효과적으로 제거되었음을 알 수 있다.

CHAPTER

14

액체 슬로싱 억제를 위한 입력성형

14.1 슬로싱의 특성

액체가 부분적으로 채워져 있는 용기에 외부 가진이 가해짐으로써 액체가 출렁거리는 현상을 슬로싱(Sloshing)이라 한다. 슬로싱 현상이 발생하는 대표적인 예로는 지진에 의한 액체 저장탱크의 진동, 파도에 의해 발생하는 LNG 수송선의 진동, 항공기 및 자동차 등의 가속과 감속에 따른 연료탱크 내부 액체의 진동, 용기에 액체를 채우고 이송시키는 자동화 공정 등이 있다. 외부의 가진이 유체운동의 공진 주파수와 가까워지면 슬로싱 현상은 더욱 심해지고, 유체를 포함한 시스템의 구조적 안정성 및 조정 안정성에 심각한 문제를 야기할 수 있다. 따라서 슬로싱 현상을 물리적으로 정확히 이해하고 효과적으로 억제시키는 것이 매우 중요하다.

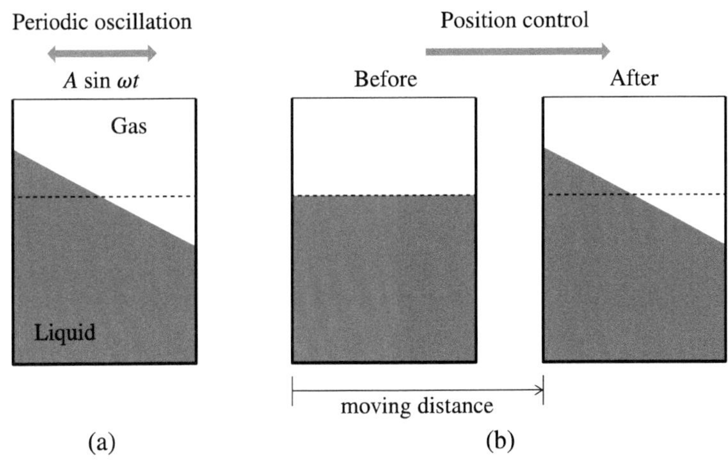

그림 14.1 슬로싱을 발생시키는 외부 가진의 유형: (a) 용기의 주기적인 진동, (b) 용기의 위치 제어에 따른 진동

그림 14.1에 나타낸 것처럼 외부 가진의 성격에 따라 슬로싱 문제를 다음과 같이 두 가지로 구분할 수 있다. 첫 번째는 지진이나 파도와 같이 외부의 가진을 제어할 수 없는 경우로 대부분의 연구가 이 범주에 해당한다. 이 경우 많은 연구가 외부 가진의 주파수에 따른 유체 진동의 특성, 특히 유체의 고유 진동수 근처에서 발생하는 공진 현상에 초점을 맞추었다. 반면 액

체 용기를 이송시키는 자동화 공정이나 운송체의 가속 및 감속에 따른 연료탱크 슬로싱의 경우에는 시스템의 위치를 제어하는 과정에서 자체적으로 발생하는 가진이다. 후자의 경우에는 외부 가진이라기보다는 시스템 입력이기 때문에 가진을 우리가 원하는 형태로 변형시킬 수 있다. 이 책에서는 후자의 슬로싱에 대해서만 다룰 것이며, 입력성형을 이용하여 가진 또는 입력을 적절히 변형시키면 슬로싱을 효과적으로 억제할 수 있음을 보여줄 것이다.

입력성형을 적용하기에 앞서 용기 내부에서 자유 진동하는 슬로싱의 고유진동수 특성을 이해할 필요가 있다. 여기서는 2차원 사각 용기에서 발생하는 슬로싱을 예로 들어 보자. 비점성 비압축성 유동을 가정한 포텐셜 이론을 적용하면 아래 식과 같이 고유진동수를 구할 수 있다.

$$\omega_n^2 = g k_n \tanh(k_n h), \;\; k_n = \frac{n\pi}{L} \tag{14.1}$$

여기서 n은 모드 수, ω_n은 n번째 모드의 고유 진동수, g는 중력 가속도, L과 h는 각각 용기의 폭과 액체의 높이를 나타낸다. 식에서 알 수 있듯이 무한 개의 고유 모드가 존재하지만 진동수가 낮은 몇 개의 모드가 대부분의 에너지를 가지고 있다. 따라서 많은 연구가 1차 및 2차 모드와 같이 상대적으로 낮은 고유진동수 근처에서의 강제 진동 및 공진 현상에 관심을 가졌다. 이 책에서도 14.3절에서 입력성형을 적용할 때 1차에서 3차 사이의 저차 모드를 주로 고려하였다.

L이 0.5 m이고 h가 0.3 m인 경우에 대해 $n \leq 10$의 모드 수에 따른 고유진동수의 변화를 표 14.1에 나타내었다. 여기서 고유진동수 f_n은 $\omega_n/2\pi$에 해당하며 단위는 Hz이다. 표에서 알 수 있듯이 모드 수가 증가하면 고유진동수가 증가한다. 특히 $\tanh(k_n h)$ 값이 1.000이 되는 3차 이상의 모드에서는 ω_n^2이 모드 수 n에 선형 비례하게 되며, 결국 ω_n 및 f_n은 $\sqrt{n}$에 비례한다.

14.1 모드 수에 따른 고유진동수의 변화 (n≤10)

n	ω_n (rad/s)	f_n (Hz)	$\tanh(k_n h)$
1	7.672	1.2210	0.955
2	11.097	1.7662	0.999
3	13.598	2.1642	1.000
4	15.702	2.4990	1.000
5	17.555	2.7940	1.000
6	19.231	3.0607	1.000
7	20.772	3.3059	1.000
8	22.206	3.5342	1.000
9	23.553	3.7486	1.000
10	24.827	3.9513	1.000

그림 14.2는 $L = 0.5m$인 사각 용기에서 액체 높이에 따른 1차, 2차, 3차 고유진동수의 변화를 나타낸다. 모드 수에 상관없이 액체의 높이가 증가하면 처음에는 고유진동수가 증가하지만 점차 일정한 값으로 수렴하여 더 이상 증가하지 않는다. 이는 식(14.1)에서 액체의 높이 h가 $\tanh(k_n h)$에만 영향을 주며 h가 증가함에 따라 $\tanh(k_n h)$ 값이 증가하다가 1로 수렴하기 때문이다. 한편 모드 수가 클수록 보다 낮은 높이에서 수렴 값에 도달하는데, 이는 고주파의 높은 모드가 용기 바닥면의 영향을 상대적으로 덜 받기 때문이다.

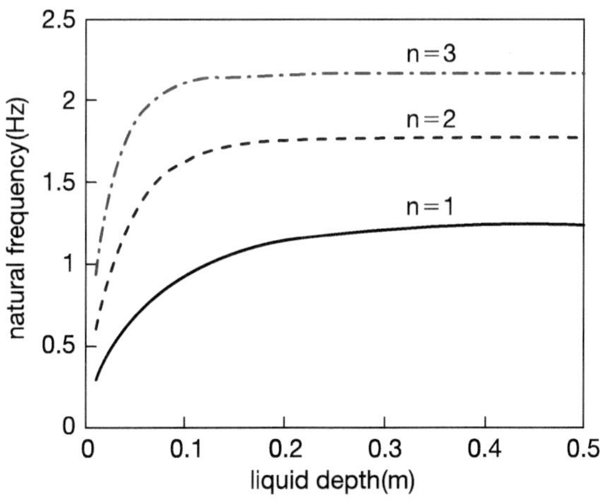

그림 14.2 액체 높이에 따른 1, 2, 3차 고유진동수의 변화

한편, 그림 14.2는 액체의 높이 h를 0.3 m로 고정하고 사각 용기의 폭 L에 따른 1차, 2차, 3차 고유진동수의 변화를 나타낸다. 모드 수에 상관없이 사각 용기의 폭이 증가할수록 고유진동수가 감소한다.

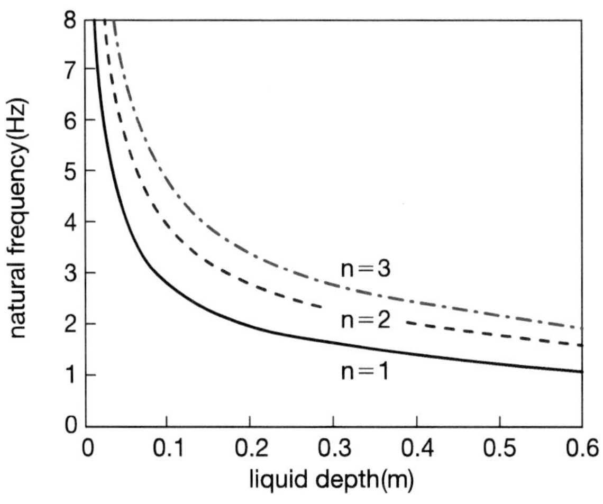

그림 14.3 용기 폭에 따른 1, 2, 3차 고유진동수의 변화

14.2 슬로싱의 모델링

슬로싱 현상을 해석하는 방법은 전산유체역학(Computational fluid dynamics, CFD)을 이용하는 방법과 등가의 기계 모델(Equivalent mechanical model)을 이용하는 방법으로 구분할 수 있다. CFD는 유동 현상을 지배하는 비정상 비선형 방정식을 수치해석적으로 직접 푸는 방법으로 후자의 방법과 비교하여 보다 정확한 방법이라 할 수 있다. 반면 등가 기계 모델에서는 슬로싱이 발생하는 액체 시스템을 질량-스프링-대시포트(Mass-spring-dashpot) 또는 진자(Pendulum)로 모델링하고 간단한 동역학 방정식을 풀어 해를 구하는데, CFD에 비해 해석이 빠르고 용이하다는 것이 장점이다.

먼저 CFD 방법을 간단히 살펴보자. 슬로싱이 발생하는 액체의 운동은 대부분 비압축성의 특성을 보이므로 비압축성 유동으로 가정하였고, 여기서는 이해의 편의상 2차원 직교 좌표계를 예로 들어 설명하고자 한다. 단일 유체에 대한 2차원 비정상 비압축성 유동을 지배하는 방정식은 다음과 같다.

$$\frac{\partial u}{\partial x}+\frac{\partial v}{\partial y}=0 \tag{14.2}$$

$$\rho(\frac{\partial u}{\partial t}+u\frac{\partial u}{\partial x}+v\frac{\partial u}{\partial y})=-\frac{\partial p}{\partial x}+\mu(\frac{\partial^2 u}{\partial x^2}+\frac{\partial^2 u}{\partial y^2}) \tag{14.3}$$

$$\rho(\frac{\partial v}{\partial t}+u\frac{\partial v}{\partial x}+v\frac{\partial v}{\partial y})=-\frac{\partial p}{\partial x}+\mu(\frac{\partial^2 v}{\partial x^2}+\frac{\partial^2 v}{\partial y^2})-\rho g \tag{14.4}$$

여기서 x는 수평방향, y는 중력의 반대방향으로 정의하였고, u와 v는 각각 x와 y 방향의 속도 성분을 나타낸다. p는 압력, ρ는 유체의 밀도, μ는 유체의 점성계수, g는 중력가속도를 의미한다. 식(14.2)는 질량 보존을 나타내는 연속 방정식이며, (14.3)과 (14.4)는 운동량 보존을 나타내는 Navier-Stokes 방정식이다. 방정식의 개수와 미지수(u, v, p)의 개수가 모두 3개이므로, 특정 문제에 해당하는 초기 조건과 경계 조건이 주어지면 해를 구할 수 있다. 한편 유체의 점성을 무시하면($\mu=0$), 식(14.3)과 (14.4)는 Euler 방정식이 된다.

단일 유체를 다루는 일반적인 문제와 달리 슬로싱 문제에서는 두 유체(액체와 주변 기체)가 공존하며, 유체 사이의 계면이 시간에 지남에 따라 달라진다. 따라서 슬로싱 문제를 해석하기 위해 계면에 대한 해석(Interface capturing)이 추가적으로 필요하다. 계면 해석을 위해 지금까지 다양한 방법이 개발되었고 각각의 방법은 장점과 단점을 모두 가지고 있다. 이 책에서는 상용 CFD 프로그램에서 통상 제공하고 있는 VOF(Volume of Fluid) 모델의 개요를 간단히 설명하고, VOF 모델을 이용한 CFD 해석 결과를 소개하고자 한다.

VOF 모델은 액체와 기체 사이의 계면을 나타내기 위해 하나의 변수를 추가로 정의한다. 즉, 각각의 격자에 대해 유체의 상태를 나타내는 ϕ라는 변수를 정의하는데, ϕ는 유체(통상적으로 액체)가 차지하는 체적분율을 의미한다. 따라서 그림 14.4처럼 $\phi=1$이면 100% 액체로 채워진 격자, $\phi=0$이면 기체가 100%인 격자를 나타내며, 액체와 기체의 계면을 포함하는 격자에서는 0과 1 사이의 값을 갖는다. 변수 ϕ에 대한 수송 방정식은 아래 식과 같으며, 이 식은 ϕ가 유체와 함께 움직인다는 것을 나타낸다.

$$\frac{\partial\phi}{\partial t}+u\frac{\partial\phi}{\partial x}+v\frac{\partial\phi}{\partial y}=0 \tag{14.5}$$

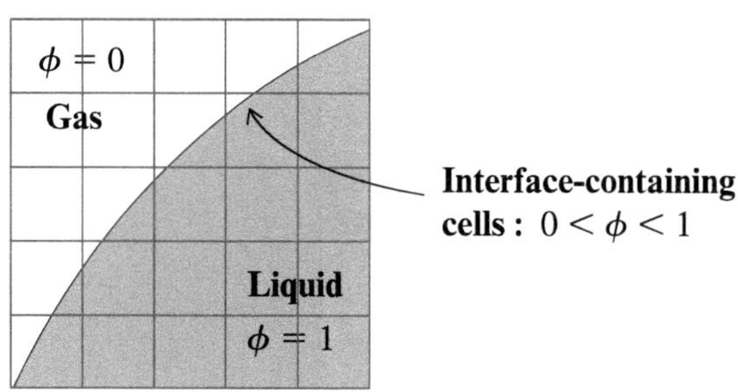

그림 14.4 VOF 모델의 개념

슬로싱 문제의 CFD 해석과 관련하여 마지막으로 언급할 내용은 좌표계의 선택에 관한 것이다. 고정된 좌표계에서 해석을 수행하게 되면 해석할 유체 영역의 좌표가 용기와 함께 움직이기 때문에 격자 또한 움직여야 한다. 이처럼 움직이거나 변형하는 격자를 사용하면 많은 계산 시간을 필요로 하기 때문에 대부분의 연구자들은 용기에 고정되어 같이 움직이는 좌표계를 사용하였다. 이 좌표계에서 해석을 수행하면 유체 영역의 위치 및 격자가 고정되기 때문에 해석이 용이해진다. 대신 지배방정식 (14.2)와 (14.3)은 움직이는 좌표계로 인해 다음과 같이 바뀌게 된다.

$$\rho(\frac{\partial u}{\partial t}+u\frac{\partial u}{\partial x}+v\frac{\partial u}{\partial y})=-\frac{\partial p}{\partial x}+\mu(\frac{\partial^2 u}{\partial x^2}+\frac{\partial^2 u}{\partial y^2})+f_x \tag{14.6}$$

$$\rho(\frac{\partial v}{\partial t}+u\frac{\partial v}{\partial x}+v\frac{\partial v}{\partial y})=-\frac{\partial p}{\partial y}+\mu(\frac{\partial^2 v}{\partial x^2}+\frac{\partial^2 v}{\partial y^2})-\rho g+f_y \tag{14.7}$$

여기서 f_x와 f_y는 용기를 이송시킴에 따라 유체에 가해지는 외력의 두 성분을 나타낸다. 만약, 용기가 회전 없이 x 및 y 방향으로 병진운동을 한다면 외력은 다음과 같이 표현된다.

$$f_x=-\rho\frac{dU}{dt},\ f_y=-\rho\frac{dV}{dt} \tag{14.8}$$

여기서 U와 V는 각각 용기의 x와 y 방향 속도를 나타낸다.

다음으로 등가 기계 모델에 대해 살펴보자. 슬로싱 현상은 등가의 기계 모델을 이용하여 근사적으로 모사할 수 있는데, 여기서 등가라 함은 용기 벽에 가해지는 힘과 모멘트가 동일하다는 의미이다. 선행 연구자들은 그림 14.5와 같이 여러 개의 질량-스프링-대시포트 또는 여러 개의 진자를 등가 모델로 사용하였다. 여기서 질량-스프링-대시포트 및 진자를 여러 개 사용하는 이유는 중요한 복수의 슬로싱 모드를 모델링하기 위함이다. 또한 전체 유체를 출렁이는 부분과 출렁이지 않는 부분으로 구분하여 후자의 유체에 대해서는 움직이지 않는 질량 m_0로 모델링하였다. 이러한 모델을 이용하여 슬로싱 현상을 성공적으로 예측한 선행연구들이 많이 소개되었지만, 공진 현상과 같이 비선형성이 강한 슬로싱 문제의 경우에는 정확성에 있어 분명 한계가 있다.

한편, 등가의 기계 모델은 자유표면의 특성 및 비선형성에 따라 여러 동특성 영역으로 구분할 수 있다. 1차 모드의 슬로싱에 대해 등가의 진자 모델을 고려해 보면, 그림 14.6에 나타낸 것처럼 세 가지 영역이 존재한다. 첫째, 그림 14.6(a)에 나타낸 선형 영역은 자유표면의 진동이 작은 경우이며, $\sin\theta \approx \theta$로 가정한 진자 모델을 사용할 수 있다. 둘째, 그림 14.6(b)과 같은 약한 비선형 영역은 자유표면의 진동이 상대적으로 큰 진폭을 갖는 경우로 약한 비선형성을 갖는 미분 방정식으로 모사할 수 있다. 마지막으로, 그림 14.6(c)처럼 강한 비선형 영역에서는 수력학적 충격압력이 발생하며, 용기 벽과의 충돌을 고려한 진자로 근사할 수 있다.

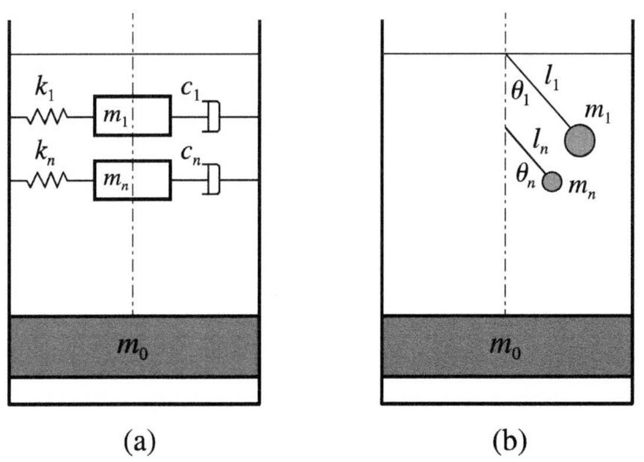

그림 14.5 등가 기계 모델: (a) 질량–스프링–대시포트, (b) 진자

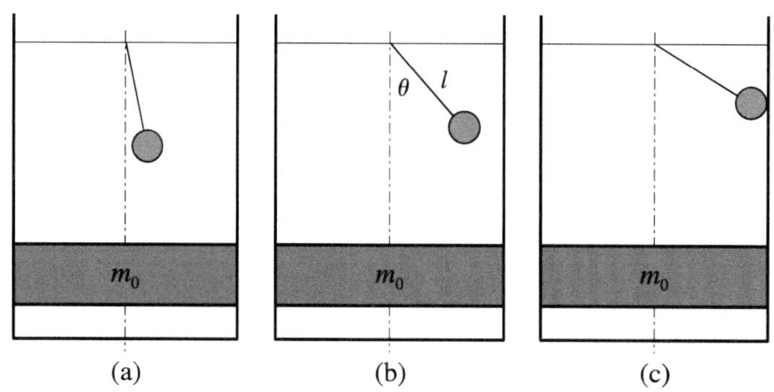

그림 14.6 비선형성에 따른 등가 기계 모델의 동특성 영역:
(a) 선형, (b) 약한 비선형, (c) 강한 비선형

14.3 입력성형을 이용한 슬로싱 억제 시뮬레이션

슬로싱을 효과적으로 억제하기 위해 다양한 수동 및 능동 제어 방법이 연구되어 왔다. 가장 대표적인 방법은 그림 14.7과 같이 배플(Baffle)이나 블록(Block)과 같은 구조물을 용기 내부에 설치하는 것으로 구조물의 크기와 설치 위치 등에 따라 제어 효과가 달라진다. 이 방법은 제어를 위한 센서나 에너지의 입력이 필요 없다는 장점이 있는 반면 용기 내부의 구조를 변형시키고 용기의 질량을 증가시킨다는 것이 단점이다. 반면 능동 제어의 경우에는 제어를 위해 액츄에이터 및 에너지의 입력이 필요하다. 특히 되먹임 제어를 할 경우에는 센서 또한 필요하여 시스템이 복잡해지고 비용이 많이 드는 것이 단점이다.

반면 입력성형 기법은 배플과 같은 구조물을 추가할 필요가 없고, 또한 앞먹임 제어이기 때문에 센서도 필요 없다. 이러한 장점에도 불구하고 아직까지 입력성형을 슬로싱 제어에 응용하려는 노력은 많지 않았다. 또한 거의 모든 선행연구가 정확도가 높은 CFD 해석보다는 등가의 기계 모델을 사용하였고, 해석 결과 역시 유동장의 이해보다는 시스템 제어의 관점에서 분석되었다. 하지만, 슬로싱 현상이 심해져 유체 유동의 비선형성이 강한 경우에는 등가 기계 모델의 정확성에 한계가 있기 때문에 여기서는 CFD 해석 결과를 이용하고자 한다. 입력성형 기법이 슬로싱 억제에 효과가 있는지 ZV 입력성형기를 이용하여 먼저 검증한 후, 다양한 입력성형기에 따른 슬로싱 억제 효과를 비교 분석하고자 한다.

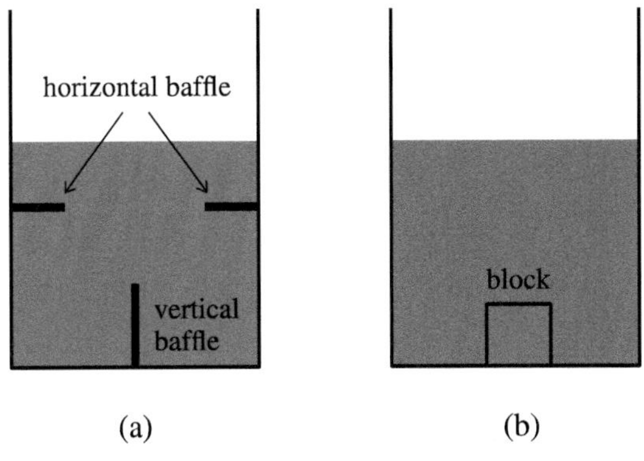

그림 14.7 슬로싱의 수동 제어: (a) 배플, (b) 블록

이 책에서 고려한 해석 모델은 그림 14.8과 같이 2차원 사각용기이며, 용기에는 물이 부분적으로 채워져 있고 탱크의 윗면은 공기 중에 개방되어 있다. 해석을 위해 직교 좌표계 (x,y)를 사용하였고, x와 y는 각각 수평방향과 중력의 반대방향을 의미한다. 계산영역은 $L=0.5\text{m}$, $H=0.75\text{m}$로 물과 공기를 포함하는 용기 내부에 해당되며, 물은 초기에 $h_0=0.5\text{m}$로 일정한 높이를 갖는다. 직사각형 형태의 격자를 사용하였고, 사용된 격자의 수는 x와 y 방향으로 각각 100개와 200개이다.

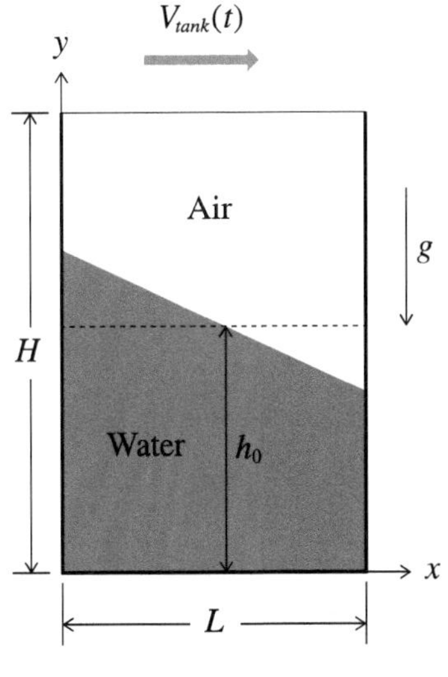

그림 14.8 해석 모델 및 좌표계

이 책에서는 용기를 수평방향으로 가속 및 등속 운동으로 이송시킬 때 발생하는 슬로싱을 해석 대상으로 하였다. 즉, 정지해 있던 용기가 3초 동안 $2m/s^2$의 크기로 가속된 후 계속해서 등속 운동하는 경우를 가정하였고, 그림 14.9에 용기의 속도를 시간의 함수로 나타내었다.

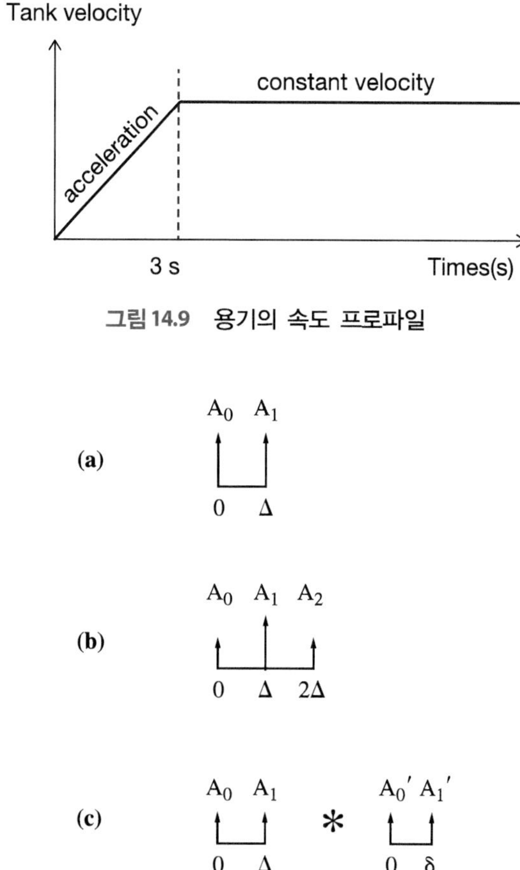

그림 14.9 용기의 속도 프로파일

그림 14.10 세 가지 입력성형기: (a) ZV 성형기, (b) ZVD 성형기, (c) Convolved ZV 성형기

용기의 이송에 의해 발생하는 유체 유동은 2차원, 비점성, 비압축성이라고 가정하였다. 비정상(unsteady) 유체 유동을 해석하기 위해 상용 CFD 프로그램인 Fluent를 사용하였고, 용기와 동일한 속도로 움직이는 좌표계를 사용하였다. 또한 물과 공기로 이루어진 이상유동 및 자유표면을 해석하기 위해 VOF 모델을 사용하였다.

슬로싱의 효과적인 억제를 위해 그림 14.10과 같이 세 가지의 입력성형기(ZV, ZVD, 2-모드 Convolved ZV)를 고려하였다. 입력성형기의 설계에 필요한 임펄스의 강도와 임펄스 간의 시간차를 정하기 위해 시스템의 고유진동수와 감쇠비를 정확히 알아야 한다. 이미 기술한 바와 같이 비점성 유동을 가정하였으므로 시스템에 감쇠가 없다. 따라서 ZV 성형기의 경우에 두 임펄스의 크기는 $A_0 = A_1 = 1/2$로 같고, 임펄스 간의 시간차 Δ는 1차 고유 진동주기의 절반이 된다. 한편, ZVD 성형기의 경우에는 $A_0 = A_2 = 1/4$, $A_1 = 1/2$이고, 임펄스 간의 시간차는 ZV 성형기와 동일하게 둘 다 Δ에 해당한다. 마지막으로 Convolved ZV 성형기의 경우에는 임펄스의 크기가 모두 1/4로 같고, 시간차 Δ와 δ는 각각 1차 모드와 중요한 고차 모드 주기의 절반이 되도록 설계한다. 한편, 사각 용기에서 발생하는 슬로싱의 고유진동수 및 주기는 비점성 비압축성 유동에 대한 포텐셜 이론식 (14.1)을 사용하여 구하였다. 용기의 폭과 액체의 높이가 모두 0.5 m인 경우에 1, 2, 3차 모드의 진동수는 각각 1.247, 1.767, 2.164 Hz가 된다.

이제 해석 결과를 살펴보자. 입력성형기의 슬로싱 억제 성능을 평가하기 위해 입력성형을 적용하지 않은 경우와 적용한 경우를 비교 분석하였다. 그림 14.11은 입력성형을 하지 않은 경우와 ZV 성형기를 사용한 경우를 비교한 그림으로 용기 왼쪽 벽면에서의 수위를 시간의 함수로 나타낸 것이다. 성형하지 않은 경우에는 용기의 가속 구간인 0~3초에서 왼쪽 수위가 크게 올라가며 약 10 cm의 진폭을 갖는다. 또한 가속을 마친 3초 이후에도 수위가 계속해서 진동하며 진폭의 크기가 가속 구간보다 더 증가하였다. 이에 반해 ZV 성형기를 이용한 경우에는 가속 및 등속 구간 전체에 걸쳐 성형하지 않은 경우에 비해 수위의 진동이 크게 감소하였다. 이는 용기 내의 슬로싱 현상이 입력성형에 의해 크게 억제되었음을 의미한다.

슬로싱 현상은 용기 벽면에 급격한 압력의 변화를 가져오고, 액체를 포함한 구조물의 안정성에 문제를 야기시킨다. 따라서, 그림 14.12와 같이 용기 왼쪽 아래 모서리에서의 압력을 시간의 함수로 살펴보았다. 입력성형의 적용에 상관없이 용기의 가속도가 크게 바뀌는 순간에는 압력이 크게 변한다. 하지만, ZV 성형기를 사용한 경우에는 슬로싱이 억제됨에 따라 대부분의 시간에서 압력의 섭동이 크게 감소한다.

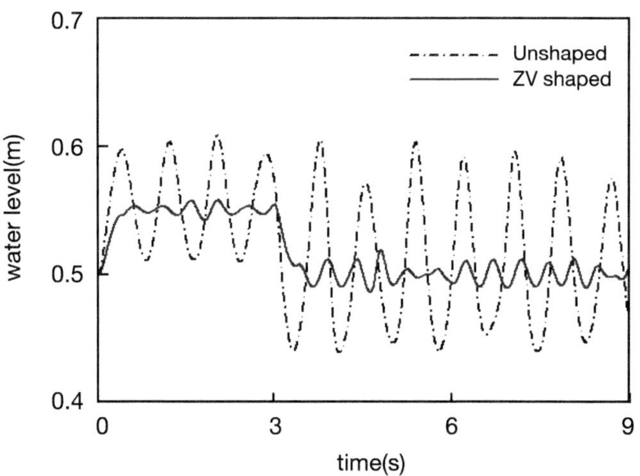

그림 14.11 용기 왼쪽 벽면에서의 수위 비교

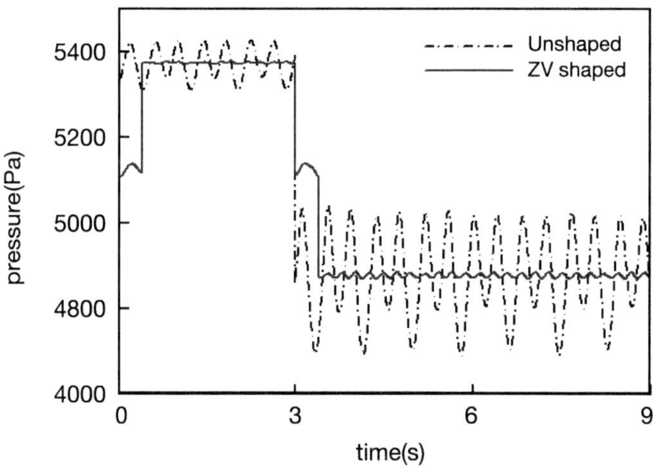

그림 14.12 용기 왼쪽 모서리에서의 압력 비교

용기 내에서 발생하는 슬로싱 현상을 보다 가시적으로 이해하기 위해 물과 공기의 경계면이 시간에 따라 변하는 과정을 살펴보았다. 그림 14.13은 VOF 값을 이용하여 자유표면을 나타낸 것으로 $t = 3 \sim 7\text{s}$ 구간에 대해 1초 간격으로 변화를 도시하였다. 가속이 끝나는

$t=3$s 에서는 큰 차이를 발견할 수 없지만, 4초 이후에는 ZV 성형기를 사용함으로써 슬로싱이 크게 억제된 것을 알 수 있다. 하지만 여기서 주목할 것은 ZV 성형기를 사용했음에도 불구하고 슬로싱이 완전히 제거되지 못하고 잔류 진동이 남아 있다는 사실이다. 이는 용기 내 유체 유동이 여러 모드의 성분을 가지고 있어 ZV 성형기를 통해 1차 모드를 충분히 억제했더라도 다른 모드의 진동이 아직 남아 있기 때문이다. 한편 그림을 살펴보면 자유표면이 하나의 직선(3차원에서는 평면)으로 나타나지 않고, 다소 복잡한 형상을 띤다는 것을 알 수 있다. 이처럼 복잡한 자유표면의 동적인 특성은 등가의 기계 모델로는 알 수가 없으므로 CFD 해석을 통한 정확한 해석이 필요하다.

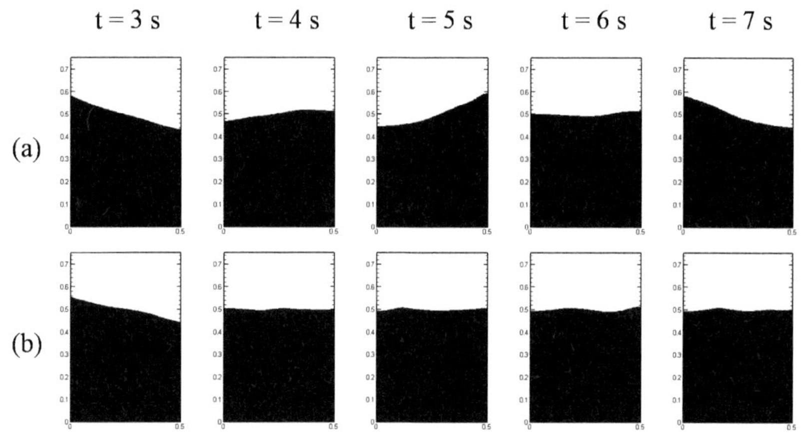

그림 14.13 자유표면의 시간 변화 비교:
(a) 입력성형을 적용하지 않은 경우, (b) ZV 성형기를 이용한 경우

ZV 성형기를 사용한 결과에서 관찰된 잔류진동을 완전히 제거하기 위하여 ZVD 성형기와 2-모드 Convolved ZV 성형기를 사용해 보았다. 여기서는 1차 고유진동수와 3차 고유진동수를 이용하여 Convolved ZV 성형기를 설계하였다. 즉, 그림 14.10에서 Δ는 0.401초, δ는 0.231초를 사용하였다. 그 이유는 ZV 성형기를 사용한 해석 결과에 대해 스펙트럼 분석을 해보면 3차 모드가 다른 고차 모드에 비해 많은 에너지를 가지고 있기 때문이다.

그림 14.14는 세 가지 입력성형기의 슬로싱 억제 성능을 비교하기 위해 용기 왼쪽 수위의

변화를 나타낸 것이다. ZVD 성형기가 예상대로 ZV 성형기에 비해 슬로싱 억제 능력이 약간 우수하지만 그 차이가 크지는 않다. 하지만 두 가지 모드를 함께 고려한 Convolved ZV의 경우에는 ZV 성형기에 비해 성능이 월등히 우수하다. 그림 14.15는 자유표면의 시간 변화를 가시화한 것으로 Convolved ZV 성형기를 사용할 경우 슬로싱이 거의 제거된 것을 알 수 있다. 이는 다모드 특성을 갖는 액체 슬로싱의 억제에는 1차 모드와 3차 모드를 고려한 2-모드 Convolved ZV 성형기가 매우 효과적임을 의미한다.

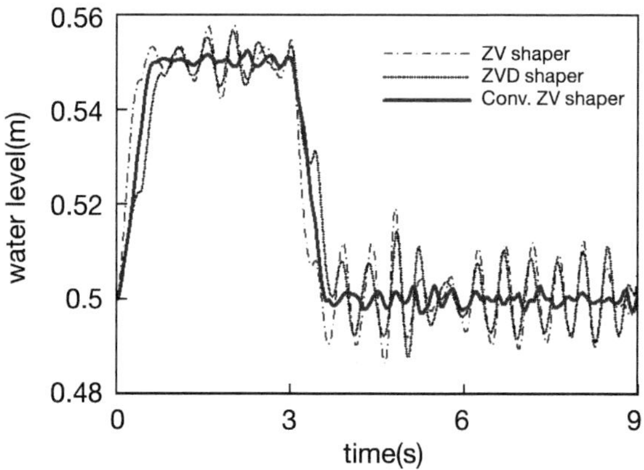

그림 14.14 세 가지 입력성형기의 성능 비교: 왼쪽 벽면에서의 수위 변화

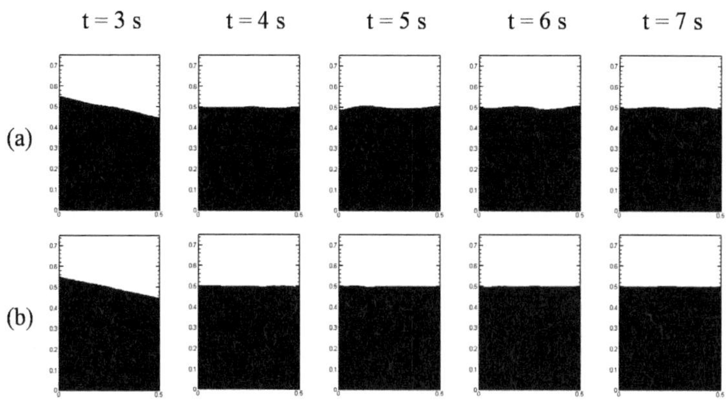

그림 14.15 자유표면의 시간 변화 비교: (a) ZVD 성형기, (b) 2-모드 Convolved ZV 성형기

14.4 입력성형을 이용한 슬로싱 억제 실험

(1) 실험장치 및 슬로싱 실험

그림 14.16은 액체(물)가 담긴 사각탱크 형태의 용기가 스테이지 위에 설치된 실험장치 사진이다. 액체용기를 이송하기 위해 1축 이송스테이지가 이용되었고, 속도제어가 가능한 서보모터로 구동된다. 사각탱크는 아크릴로 제작하였으며 그 크기는 200×50×400mm^{3}로 하였다. 사다리꼴 속도프로파일을 이용하였으며 이송변위, 최대속도 및 가감속시간은 각각, 250mm, 500mm/s, 100ms로 두었다. 액체 슬로싱 현상을 측정하기 위해 카메라를 사용하였고 이를 화상처리하여 자유표면의 평균기울기를 구하거나 2진화상의 관찰을 통해 시간변화를 구했다.

먼저 사각탱크 내의 물높이에 따른 효과를 관찰하기 위해 물높이를 200, 135, 65mm로 하여 실험하였다.

그림 14.17은 단순 이송 시의 슬로싱 실험 결과를 보여주고 있다. 그림은 슬로싱에 의한 매 순간 자유표면의 평균기울기를 계산한 결과로서 고차모드 효과는 대체로 상쇄되고 1차 모드 효과만이 주로 반영되고 있다. 고유진동수의 차이에 따른 주기의 차이 외에는 3가지 실험에서 대체로 유사한 특성을 보임을 알 수 있다. 그림 14.18은 물높이 200mm 조건에서 이송이 완료된 후의 액체를 2진화상으로 표현하여 보여주고 있다. 액체 자유표면의 진동을 보면 고차모드가 영향을 미치고 있음을 확인할 수 있다.

그림 14.16 사각탱크 슬로싱 실험 장치

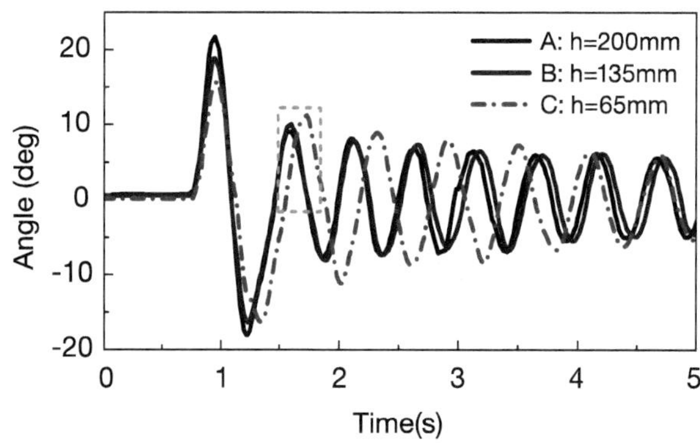

그림 14.17 이송에 따른 자유표면의 평균기울기: 3가지 물높이를 갖는 경우 비교

그림 14.18 물높이 200mm에서 이송이 완료된 직후의 2진화상: 시간간격 1/30초

(2) 슬로싱 억제 실험

슬로싱을 억제하기 위해 입력성형기법을 적용하였다. 여기서는 ZV 입력성형기와 2개 진동모드에 대한 컨볼루션 ZV 다모드 입력성형기를 적용하였다. 이 실험에서는 2차모드가 나타나지 않으므로 1차와 3차 모드를 고려한 입력성형기를 적용하였다. 입력성형을 위한 주파수는 식(14.1)을 이용하여 계산하였다. 대표적으로 물높이 200mm에 대해 적용한 결과를 그림 14.19에서 보여주고 있다. 입력성형에 의해 슬로싱이 크게 억제되는 것을 볼 수 있다. 특히 2모드 입력성형기를 적용하면 3차모드의 효과까지 억제하게 되어 더 양호한 결과를 얻을 수 있음을 볼 수 있다. 그림 14.20에는 그림 14.18과 마찬가지 요령으로 구해진 2진화상을 보여주고 있다. 3차모드까지 제거된 경우 잔류진동이 매우 양호하게 제거되었음을 볼 수 있다.

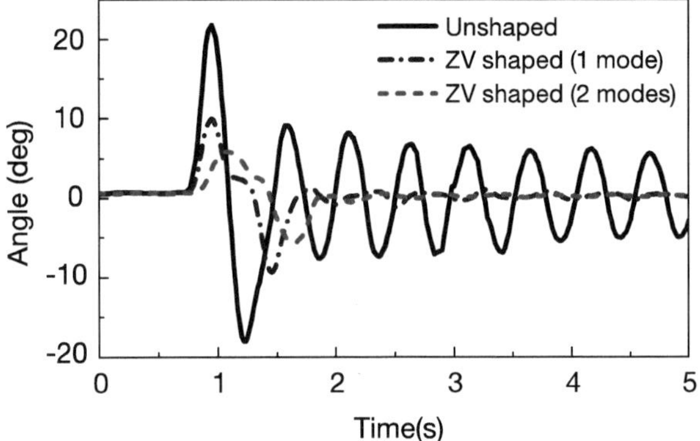

그림 14.19 이송이 완료된 직후의 자유표면 평균기울기 응답: 입력성형적용 여부에 따른 비교

그림 14.20 이송이 완료된 직후의 2진화상: 입력성형적용 여부에 따른 비교

CHAPTER

15

여러 가지 시스템에서의 입력성형 응용

15.1 이송 스테이지 베이스 진동 억제

근래 생산 공정 과정에서 부품이나 제품의 운송을 담당하는 반송 시스템이 공정 장비 사이에 설치되어 하나의 공정라인 상에서 제품에 대한 작업이 이루어지게 함으로써 생산 효율성을 높이는 사례가 빈번하다. 그러나 공정장비와 반송장비가 직렬로 연결되어 생산라인을 구성하게 되면 각각의 장비에서 발생하는 진동으로 인해 부품이나 제품을 전달하는 과정에서 정밀성이 떨어지거나 제품 반송 시간이 지연되는 등의 어려움이 있을 수 있다.

특히 정밀 측정 또는 정밀 생산 장비들은 작업의 정숙성을 위하여 중량이 큰 베이스 위에 설치되는 경향이 있고, 베이스가 내외부로부터 전달되는 진동을 절연할 목적으로 비교적 강성이 약한 스프링으로 지지되므로 베이스를 포함한 전체 장비의 진동이 발생하게 된다. 그 중에서도 장비에 포함된 이송 스테이지의 운동에 의한 반력이나 스테이지의 자체 질량 이동에 의한 이동하중 효과가 장비 전체의 강체모드(Rigid body mode) 진동을 유발하게 된다. 베이스나 장비 구조물의 강체모드 진동은 이송 대상체인 제품에 대한 직접적인 영향은 제한적인 반면 다음 공정으로 반송하고자 하는 경우에 제품 정렬 및 반송 시간 지연 등으로 인해 작업 효율성에 영향을 미치게 된다.

여기서는 이송 스테이지 베이스 구조물을 대상으로 스테이지의 운동에 의해 발생되는 두 가지의 진동 현상에 대해 검토하고 입력성형기법을 이용하여 진동을 저감하는 방법을 소개하였다. 즉, 베이스의 진동을 발생시키는 위치결정장치의 운동명령에 대해 입력성형을 함으로써 베이스의 진동을 제거하는 방법을 제시하였다. 특히 비교적 저주파 대역에 분포한 6개의 모드를 갖는 시스템에 대한 입력성형을 고려하여 보다 효율적으로 입력성형기법을 적용할 수 있는 입력성형기를 제안하였다. 시뮬레이션과 실험을 통하여 베이스 진동 저감을 시현하였다.

(1) 대상 시스템

그림 15.1은 시스템의 실물과 개념도를 보여주고 있다. XY 위치결정 스테이지가 볼스크류를 통해 연결되어 있으며 베이스 위에 설치되어 있다. 베이스는 바닥으로부터 전달되는 진

동을 절연하기 위해 약한 코일스프링으로 지지되어 있다. 스테이지는 서보모터로 구동되며 스테이지의 작업대 위에는 실제 사용환경을 고려하여 적당한 질량이 부착되어 있다. XY 스테이지의 운동에 의해 발생되는 스테이지 베이스의 진동을 측정하기 위해서 실험장치를 설치한 석정반 위에 레이저 변위센서를 설치하여 측정하였다.

(2) 시뮬레이션을 위한 모델링

그림 15.2와 같이 시스템의 개념적 모델링을 하였다. 베이스를 강체로 생각할 때 6 자유도의 진동계로 모델링할 필요가 있다. 베이스 운동에 대한 모델링을 위해 다음과 같은 가정을 두도록 한다.

① 베이스의 질량이 이동하는 질량에 비해 충분히 커서 베이스를 포함한 전체의 관성특성의 변화를 무시할 수 있다.

② 베이스 위를 이동하는 물체는 항상 베이스 표면과의 접촉상태를 유지한다.

③ 베이스의 진동에 관련된 모든 비선형 성분은 무시할 수 있다.

이상의 가정하에 운동방정식을 구성하면 다음과 같다.

$$\boldsymbol{M\ddot{q}} + \boldsymbol{C\dot{q}} + \boldsymbol{Kq} = \boldsymbol{f}_r + \boldsymbol{f}_m \tag{15.1}$$

여기서 $q = \{X\ Y\ Z\ \theta_x\ \theta_y\ \theta_z\}^T$ 이다. 또 $\boldsymbol{M,C,K}$는 각각 질량, 감쇠 및 강성행렬로서 6×6의 크기를 가지며, 다음과 같이 표현된다.

$$M = \begin{bmatrix} m & 0 & 0 & 0 & 0 & 0 \\ 0 & m & 0 & 0 & 0 & 0 \\ 0 & 0 & m & 0 & 0 & 0 \\ 0 & 0 & 0 & J_{xx} & J_{xy} & J_{xz} \\ 0 & 0 & 0 & J_{yx} & J_{yy} & J_{yz} \\ 0 & 0 & 0 & J_{zx} & J_{zy} & J_{zz} \end{bmatrix},\quad K = [k_{ij}],\ i,j = 1,2,\ldots,6,\ k_{ij} = k_{ji}$$

$$k_{11} = k_{ax} + k_{bx} + k_{cx} + k_{dx},\ k_{12} = 0,\ k_{13} = 0,\ k_{14} = 0$$

$$k_{15} = -e(k_{ax} + k_{bx} + k_{cx} + k_{dx}),\ k_{16} = -(k_{ax}l_3 + k_{bx}l_3 - k_{cx}l_4 + k_{dx}l_4)$$

$$k_{22} = k_{ay} + k_{by} + k_{cy} + k_{dy},\ k_{23} = 0,\ k_{25} = 0$$

$$k_{24} = -e(k_{ay} + k_{by} + k_{cy} + k_{dy}),\ k_{26} = -(k_{ay}l_1 - k_{by}l_2 - k_{cy}l_2 + k_{dy}l_1)$$

$$
\begin{aligned}
&k_{33} = k_{az} + k_{bz} + k_{cz} + k_{dz},\ k_{34} = -(k_{az}l_3 + k_{bz}l_3 - k_{cz}l_4 - k_{dz}l_4) \\
&k_{35} = (k_{az}l_1 - k_{bz}l_2 - k_{cz}l_2 + k_{dz}l_1),\ k_{36} = 0 \\
&k_{44} = e^2(k_{ay} + k_{by} + k_{cy} + k_{dy}) + (k_{az}l_3^2 + k_{bz}l_3^2 + k_{cz}l_4^2 + k_{dz}l_4^2) \\
&k_{45} = -(k_{az}l_1l_3 + k_{bz}l_2l_3 - k_{cz}l_2l_4 - k_{dz}l_1l_4), \\
&k_{46} = -e(k_{ay}l_1 - k_{by}l_2 - k_{cy}l_2 + k_{dy}l_1) \\
&k_{55} = e^2(k_{ax} + k_{bx} + k_{cx} + k_{dx}) + (k_{az}l_1^2 + k_{bz}l_2^2 + k_{cz}l_2^2 + k_{dz}l_1^2) \\
&k_{56} = -e(-k_{ax}l_3 - k_{bx}l_3 + k_{cx}l_4 + k_{dx}l_4) \\
&k_{66} = (k_{ax}l_3^2 + k_{bx}l_3^2 + k_{cx}l_4^2 + k_{dx}l_4^2) + (k_{ay}l_1^2 + k_{by}l_2^2 + k_{cy}l_2^2 + k_{dy}l_1^2)
\end{aligned}
$$

감쇠행렬은 강성행렬에 비례하는 것으로 두었으며 실험적으로 측정된 응답에 유사한 특성을 갖도록 적절한 비례계수를 설정하였다. 또, f_r, f_m은 각각 이송체의 운동반력벡터와 이송체의 이송하중에 의한 외력벡터를 의미하며 다음과 같이 표현된다.

$$
f_r = \begin{Bmatrix} F_x \\ F_y \\ 0 \\ F_y \cdot e \\ F_x \cdot e \\ F_x \cdot l_y + F_y \cdot l_x \end{Bmatrix},\ f_m = \begin{Bmatrix} 0 \\ 0 \\ F_z \\ F_z \cdot e \\ F_z \cdot e \\ F_z \cdot l_x + F_z \cdot l_y \end{Bmatrix}
$$

여기서 F_x와 F_y는 각각 X와 Y 방향의 반력이며 F_z는 이동하중이다. 또, e는 이송 스테이지의 질량중심과 베이스 질량중심 간의 수직거리, l_x, l_y는 각각 X와 Y방향의 거리를 의미한다.

(3) 시스템 응답해석

스테이지의 운동에 의해 베이스에 발생되는 진동은 비교적 적은 감쇠에 의존하여 소멸되므로 오랜 시간 동안 유지된다. 이러한 진동은 비교적 저주파이며 연속된 이송장비에서 물체를 반송하는 경우나 타 장비와 연결된 작업을 하는 경우, 전체적인 작업성을 현저히 떨어뜨릴 가능성이 있다. 여기서는 앞 절에서 유도한 운동방정식을 이용하여 이와 같은 베이스의 진동에 영향을 미치는 스테이지의 이동 반작용력과 이동하중에 의한 진동특성을 검토하도록 한다.

표 15.1과 15.2는 시뮬레이션을 위해 고려한 물성치와 구동 관련 파라미터이다. 그림

15.1에서 볼 수 있는 바와 같이 X축 방향으로 이동하는 경우가 Y축 이송에 비해 좀 더 큰 추력을 필요로 하게 된다. 시뮬레이션을 위해 실험장치와 동일한 특성치를 부여하였다.

(a) 스테이지 운동 반력에 의한 진동

정지된 스테이지가 이송을 시작하거나 이송 중 정지하게 되면 가감속이 있게 되며 이로 인해 베이스에는 반작용력이 작용된다. 이와 같은 반작용력은 베이스를 포함한 전체시스템에 진동을 발생시키게 된다. 여기서는 이송반력에 의한 진동특성을 분석하기 위해 X축 직선운동과 대각선 방향의 운동을 고려하였다.

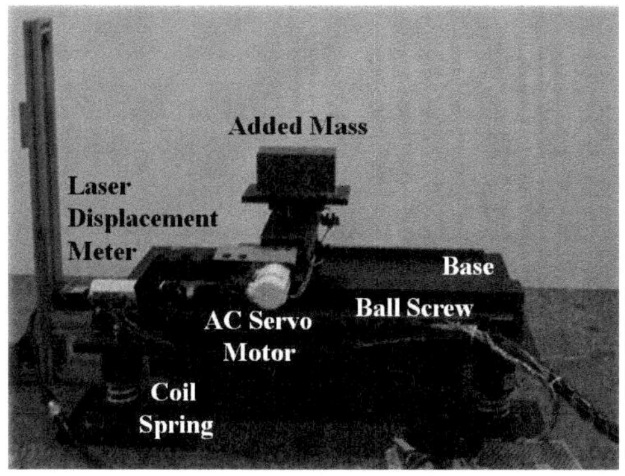

(a) 실험장치

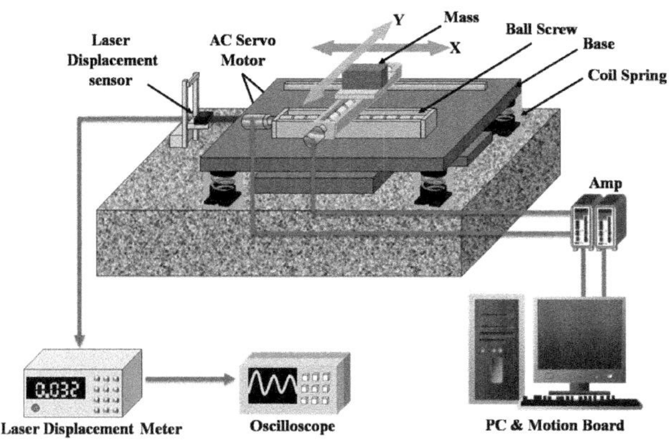

(b) 실험장치 개념도

그림 15.1 유연한 스프링으로 지지된 베이스 위에 장착된 위치결정 시스템

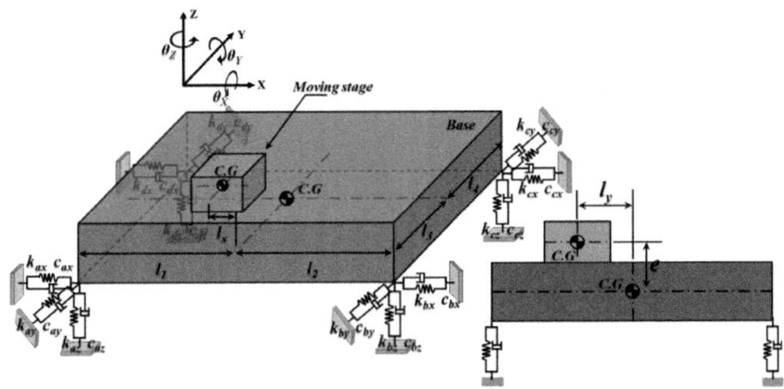

그림 15.2 시스템에 대한 개념적 모델

표 15.1 시뮬레이션을 위한 시스템 매개변수

Parameter	Value
M(base mass)	65.64[kg]
mx(moving mass)	7.2[kg]
my(moving mass)	3.7[kg]
J_X	1.18[kgm^2]
J_Y	1.52[kgm^2]
J_Z	2.35[kgm^2]
K_x	10143[N/m]
K_y	10143[N/m]
K_z	9810[N/m]
l_1	0.289[m]
l_2	0.291[m]
l_3	0.246[m]
l_4	0.254[m]

표 15.2 실험을 위한 속도프로파일 변수

Parameter	Value
V_{max}	500[mm/s]
Acceleration Time	50[ms]
X-axis Stroke	250[mm]
Y-axis Stroke	150[mm]

X방향 이송 시 베이스 무게중심 위치에서의 응답을 그림 15.3에 나타내었다. 그림 15.3(a)에서 볼 수 있듯이 이송축이 무게중심과 다소 벗어나 있어 3방향 변위가 모두 발생하고 있으나 Y변위와 Z변위에 비해 X변위가 큰 것을 볼 수 있다. 그림 15.3(b)로부터 Y방향의 각변위를 크게 일으킴을 확인할 수 있다. 그림 15.4는 X방향 Y방향 동시 이송 시의 결과를 보여주고 있다. 결과를 보면 출발과 정지에서 진동의 크기나 방향이 급격히 달라지고 있으며, X, Y축 수평변위가 모두 크게 나타난 것을 볼 수 있다. 또한 세 방향의 각 변위를 모두 발생시킴을 볼 수 있다.

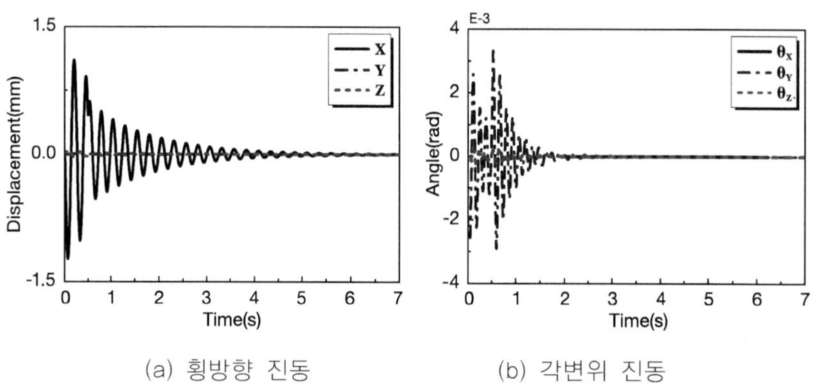

(a) 횡방향 진동 (b) 각변위 진동

그림 15.3 X방향 운동의 반력에 의한 베이스 진동 (시뮬레이션)

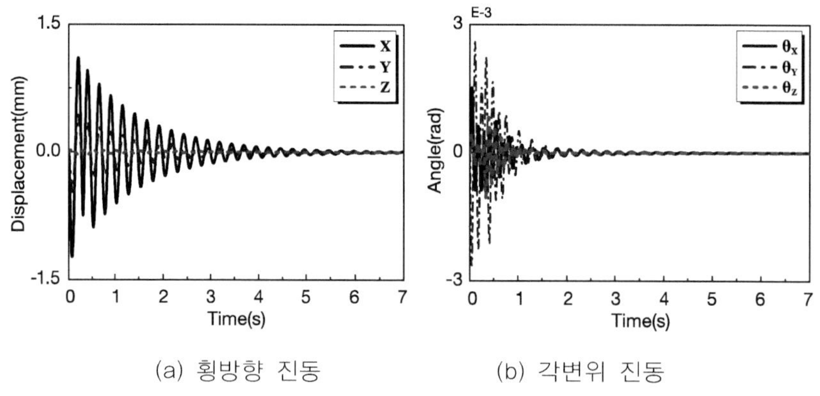

(a) 횡방향 진동 (b) 각변위 진동

그림 15.4 대각방향 운동의 반력에 의한 베이스 진동 (시뮬레이션)

(b) 스테이지 이동하중 효과에 의한 진동

스테이지 이동하중이 베이스 진동에 미치는 영향을 확인하기 위해 이송체가 대각선 방향으로 이송되는 경우를 시뮬레이션하였다. 계산조건은 이송반력의 경우와 같다. 시뮬레이션 결과를 그림 15.5에 나타내었다. 그림에서 수직방향 변위가 비교적 크게 발생함을 확인할 수 있다. 또한 그림 15.5(b)에서 X, Y방향 각변위가 주로 발생하나 이송반력에 의한 각변위에 비해 매우 적은 수준의 각변위가 나타나고 있음을 확인할 수 있다.

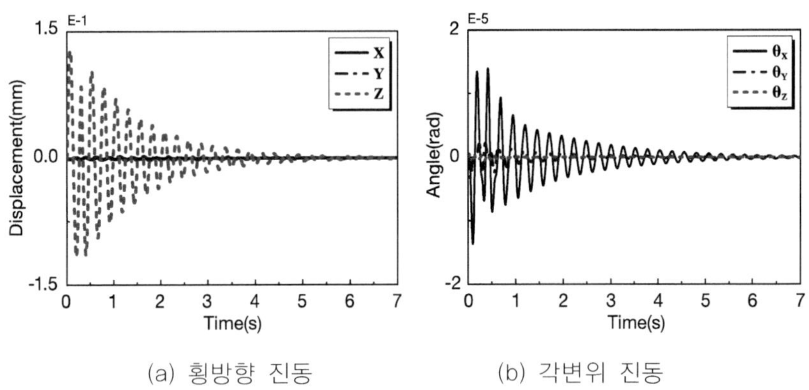

(a) 횡방향 진동 (b) 각변위 진동

그림 15.5 대각방향 운동의 이동하중 효과에 의한 베이스 진동 (시뮬레이션)

(c) 시뮬레이션과 실험 비교

그림 15.6(a)는 질량을 500mm/s의 속도로 X축으로 이동시켰을 때 나타나는 베이스 X축 끝단에서의 응답에 대한 실험과 시뮬레이션 결과를 비교하여 나타내고 있다. 실험과 시뮬레이션 결과가 잘 일치함을 보여주고 있다. 그림 15.6(b) 또한 질량을 500mm/s로 Y축으로 이동시켰을 때 베이스 Y축 끝단에서 나타나는 응답을 실험과 시뮬레이션을 비교하여 나타내고 있다. Y축 이동 또한 시뮬레이션 결과와 실험결과가 잘 일치함을 알 수 있다.

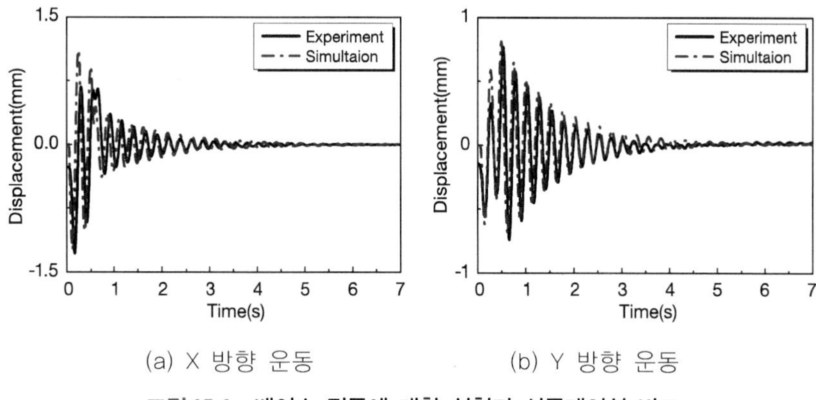

(a) X 방향 운동 (b) Y 방향 운동

그림 15.6 베이스 진동에 대한 실험과 시뮬레이션 비교

(4) 입력성형기 설계

베이스의 진동 유무에 상관없이 스테이지 자체에서 발생하는 잔류진동은 스테이지의 운동에 입력성형기법을 적용하면 손쉽게 제거할 수 있다. 그러나 스테이지의 자체 진동과 베이스 진동을 동시에 고려하는 경우에는 스테이지에서 고려해야 할 모드와 베이스의 진동 모드를 같이 고려하여 입력성형기를 설계하여야 한다. 여기서는 스테이지 관련 모드는 고려하지 않도록 한다.

베이스 구조물은 6 자유도를 갖게 되므로 일반적으로 6개 모드를 고려해야 한다. 먼저 기존의 다모드 입력성형기법인 컨볼루션 방식의 입력성형기를 생각해보면, 여러 개의 고유진동수에 대한 입력성형을 위하여 각각의 고유진동수에 대한 입력성형기를 설계한 후 컨볼루션하여 활용할 수 있지만, 컨볼루션 입력성형기의 지속시간은 각 모드별 입력성형기들의 지속시간을 합한 시간과 같다. 따라서 고려해야 할 모드가 증가할수록 입력성형 지속시간이 증가하며 임펄스의 개수도 급격히 증가하여 복잡한 영상을 띠게 된다.

여기서 고려하고 있는 시스템의 6개 모드를 모두 고려할 경우, 기존의 입력성형기는 64개의 임펄스로 구성된다. 그림 15.7은 3개의 모드를 컨볼루션하여 만들어지는 입력성형기를 예시하고 있다. 입력성형기의 시간 증가는 시스템의 응답시간을 느리게 한다. 또한 임펄스 개수의 증가는 실제 인가되는 입력의 변동성을 크게 함으로서 이송계의 안정적 운영에 나쁜 영향을 줄 수 있다. 이와 같은 기존의 입력성형기 문제점을 개선할 수 있도록 이 책에서 제시한 입력성형기를 고려한다. 설계의 간편성을 위해 해석적인 해가 존재하는 그림 15.8과 같은 2모드 입력성형기를 활용하였다.

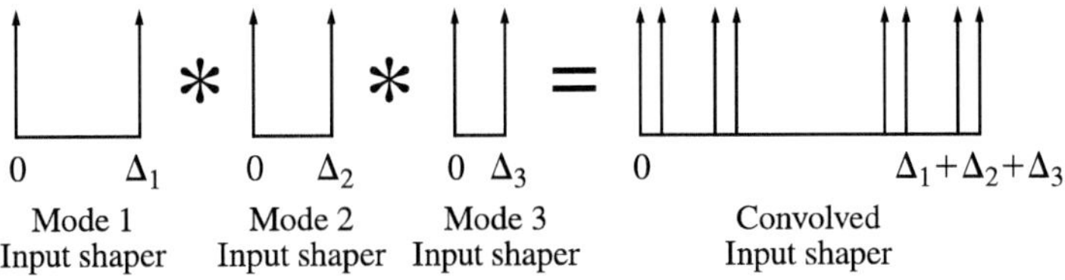

그림 15.7 3 모드 시스템에 대한 컨볼루션 입력성형기 설계 예시

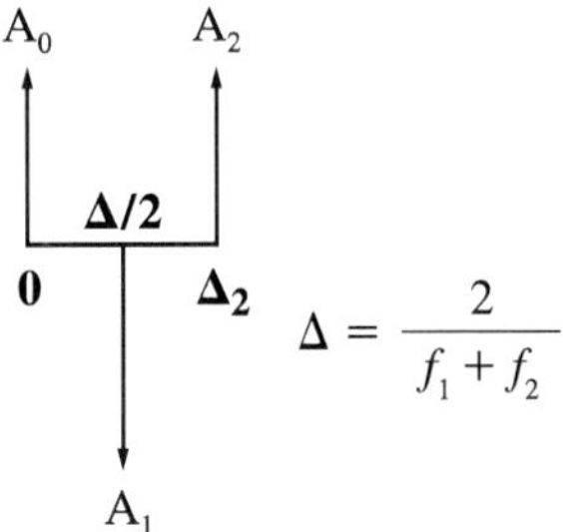

그림 15.8 2 모드 성형기

지속시간을 줄이기 위해 6개의 모드를 2개씩 3개의 그룹으로 나누고 각 그룹별로 2모드 입력성형기를 설계한 후 이를 컨볼루션하여 최종 입력성형기를 만들었다. 이 경우 임펄스의 개수를 27개로 할 수 있고, 지속시간도 대폭 줄일 수 있다. 표 15.3에는 그룹별로 설계된 2모드 입력성형기들의 임펄스 크기와 시간간격을 정리하였다. 그림 15.9에서는 계단입력에 대해 기존의 방식과 제안된 방식의 입력성형기를 적용하여 성형된 입력을 만드는 과정을 비교해서 보여주고 있다.

표 15.3 2 모드 입력성형기 임펄스 크기 및 시간

Group	1			2			3		
ti	0	0.043	0.086	0	0.084	0.168	0	0.068	0.136
Ai	1	-1	1	0.336	0.329	0.336	0.25	0.5	0.25

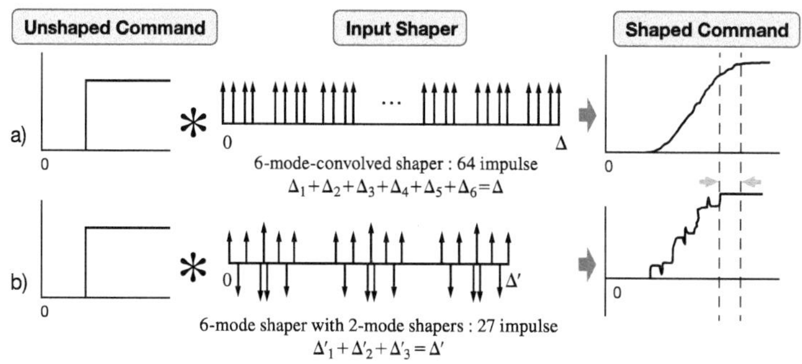

그림 15.9 6 자유도를 고려한 입력성형 과정 예시

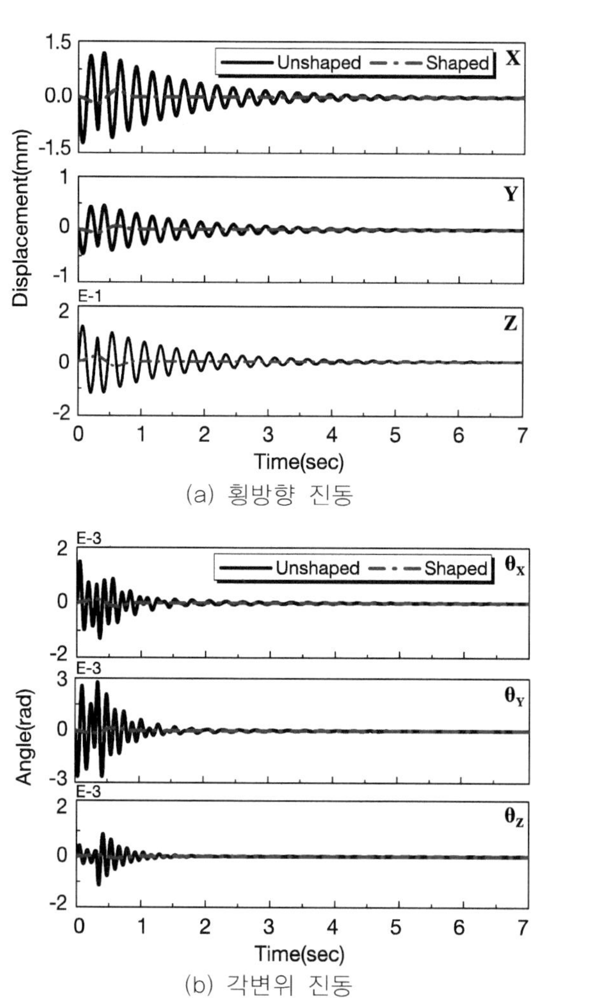

(a) 횡방향 진동

(b) 각변위 진동

그림 15.10 대각선 운동에 의한 베이스 질량 중심의 진동 비교: 입력성형 적용 전후 (시뮬레이션)

그림 15.10은 스테이지를 대각선 방향으로 이송하면서 얻어진 응답을 보여주고 있다. 여기서는 입력성형을 한 경우와 하지 않은 경우를 비교하였다. 계산 조건은 앞에서와 같다. 입력성형기법을 적용하여 잔류진동을 완전하게 억제한 것을 확인할 수 있다.

한편, 여기서 제시한 예제의 경우, 기존 방법에 의한 다모드 입력성형기와 새롭게 설계한 입력성형기의 지속시간은 각각 0.581s와 0.389s로서 제안된 입력성형기의 지속시간이 33% 정도 줄어든 것을 알 수 있다. 이론적으로 지속시간을 더욱 감소시킬 수 있으나 입력성형기의 임펄스 크기가 1보다 커지면서 구동기에 포화를 일으킬 수 있는 문제점이 발생하므로 여기서는 임펄스 크기가 1이 되지 않도록 입력성형기를 설계하였다.

(5) 베이스 진동저감 실험 및 결과

시뮬레이션을 통해 그 유용성을 확인한 입력성형기법을 실제 시스템에 적용하였다. 그림 15.11은 X축 이동 시 입력성형기법을 적용하지 않은 경우와 적용한 후의 베이스 끝단에서의 잔류진동을 비교해서 보여주고 있다. 베이스의 X축 끝단에서 레이저 변위센서를 통해 측정한 데이터를 비교하고 있다. 질량의 X축 이동속도를 최대 500mm/s, 450mm/s 그리고 400mm/s를 적용하였다.

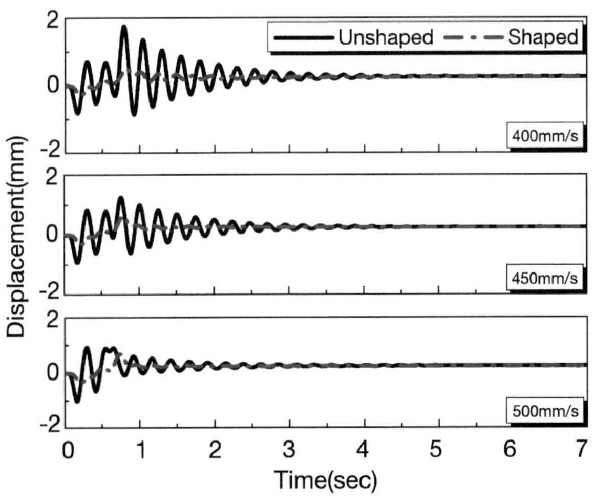

그림 15.11 X 방향 운동에 의한 베이스 끝단의 진동 비교: 입력성형을 적용하기 전후 (실험)

그림 15.12는 Y축 끝단에서 질량을 Y축으로 이동 시 입력성형기를 적용한 결과와 그렇지 않은 결과를 비교하고 있다. Y축 또한 속도를 최대속도인 500mm/s에서 400 mm/s까지 바꿔가며 실험한 결과를 나타내고 있다. 실험결과를 통해 볼 수 있듯이 이동 속도에 무관하게 입력성형기를 적용한 후 스테이지 베이스의 잔류진동이 현저히 감소되는 것을 확인할 수 있다.

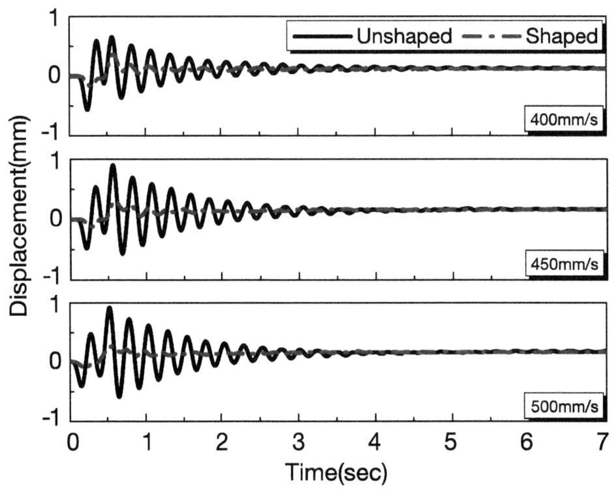

그림 15.12 Y 방향 운동에 의한 베이스 끝단의 진동 비교: 입력성형을 적용하기 전후 (실험)

(6) 요약

스테이지의 이송반력과 하중에 의해 발생되는 베이스 구조의 진동을 모델링하고 그 특성을 검토하였으며 잔류진동을 제거하기 위해 입력성형기법을 도입하였다. 이를 위해 스테이지의 이송반력과 하중에 의해 진동하는 베이스 구조물에 대한 동적모델을 이용하여 적절한 입력성형기를 선정하기 위한 과정을 소개하였다. 실제 제작된 스테이지 베이스에 적용하여 제안된 입력성형방법이 베이스의 잔류진동을 효과적으로 억제할 수 있음을 확인하였다.

15.2 히스테리시스가 있는 시스템

초정밀 스테이지는 사용되는 시스템의 목적에 따라 조금씩 차이는 있지만 공통적으로 서브마이크론 이하의 정밀도를 요구한다. 그러나 최근의 초정밀 이송기술의 추세는 비교적 큰 범위의 이동을 하면서도 미세한 부위의 고정밀도 작업이 가능한 시스템을 필요로 한다. 따라서 이동 범위가 넓으면서도 높은 정밀도를 갖는 시스템의 필요성이 높아지고 있다.

초정밀 스테이지에서 연속적이며 나노미터의 분해능을 가지는 탄성힌지(Flexure hinge)와 빠른 응답성과 높은 분해능을 가지는 압전소자 구동기(Piezoelectric actuator)의 조합이 그 탁월한 장점으로 인해 널리 활용되고 있다. 여기서 사용된 스테이지의 경우 변위를 확대하기 위해 탄성힌지를 포함한 레버메커니즘과 압전소자 구동장치를 사용하였다. 이 장치는 레버메커니즘의 구조적 특성으로 인해 발생되는 진동의 제거를 위하여 입력성형기법을 적용하게 되면 입력의 크기나 조건에 따라 그 효과가 감소하는 현상이 나타난다. 이 같은 현상은 압전구동기의 히스테리시스가 시스템의 특성에 영향을 미쳐 입력성형기법의 적용에 따른 진동제거효과에 영향을 주는 것으로 추정된다.

여기서는 마이크로 스테이지 입력에 따른 응답 특성을 검토하였다. 입력성형의 적용에 따른 응답 간의 특성을 살펴보고 적용효과를 확인하였다. 특히 입력성형기의 강건성과 진동제거 효과의 상관관계를 살펴보고 히스테리시스를 포함한 마이크로 스테이지의 효과적인 적용방법을 예시하였다.

(1) 초정밀 마이크로 스테이지 실험장치

실험에서 사용한 스테이지의 경우 지렛대의 형상을 이용하여 입력에 대하여 변위를 증폭하여 측정하는 것이 가능하다. 일반적으로 발생하는 변위가 미소한 응답변위를 가지는 경우 측정이 용의하지 않은 문제점이 있다. 이러한 문제점을 변위를 증폭하도록 구성한 스테이지를 이용하여 해결이 가능하다. 그러나 지렛대 구조가 가지는 진동 취약성으로 인하여 큰 진동이 발생한다. 또한 구조변형에 의하여 증폭이 정확하지 않은 문제점이 발생할 수 있다.

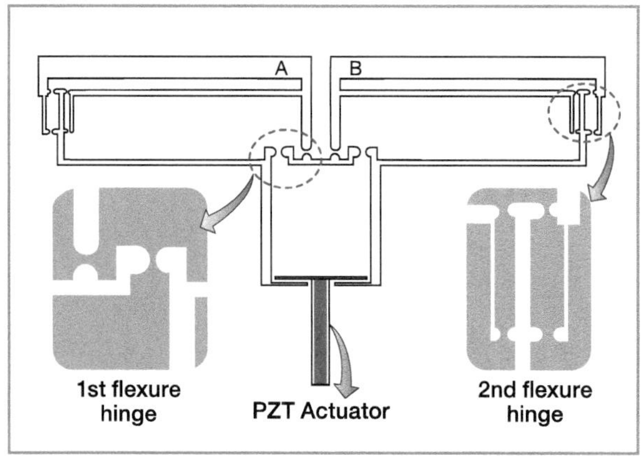

그림 15.13 변위 증폭 메커니즘을 포함한 스테이지

그림 15.13은 변위증폭구조를 보여주고 있다. 탄성힌지와 지렛대 구조를 이용하여 이중의 증폭구조를 가지는 스테이지로 지렛대의 비율을 통하여 증폭률이 결정 가능하다. 그림 15.14는 실제 스테이지의 모습을 보여주고 있다. 스테이지는 압전구동기와 변위증폭구조를 포함하고 있다. 그림 15.15에서의 실험장치의 전체 시스템은 제어를 위한 PC, AD converter, 신호증폭기, 변위센서로 구성되었다. 제어를 위한 프로그램은 LabView로 제작되었다.

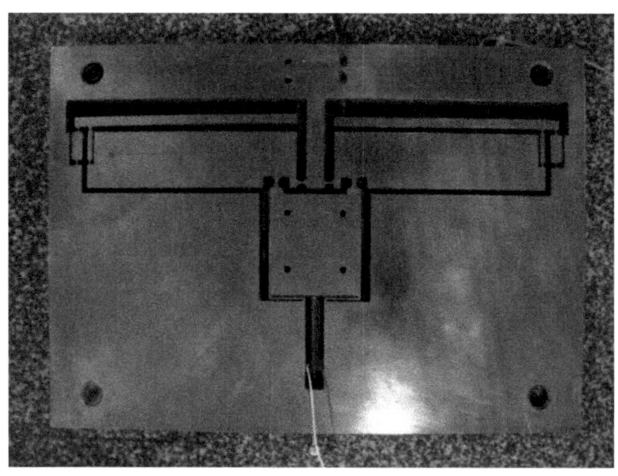

그림 15.14 실험 장치

그림 15.16은 시스템에 계단입력을 주었을 때의 응답을 도시하였다. 그림에서 볼 수 있는 바와 같이 입력이 상승하는 경우와 하강하는 경우의 응답특성에 차이를 보이고 있다. 결과에서 볼 수 있듯이 상승과 하강 시의 고유진동수의 차이는 크지 않으나 응답절대치에 작은 차이를 보이고 있다. 감쇠는 크지 않아 영향을 고려하지 않았다.

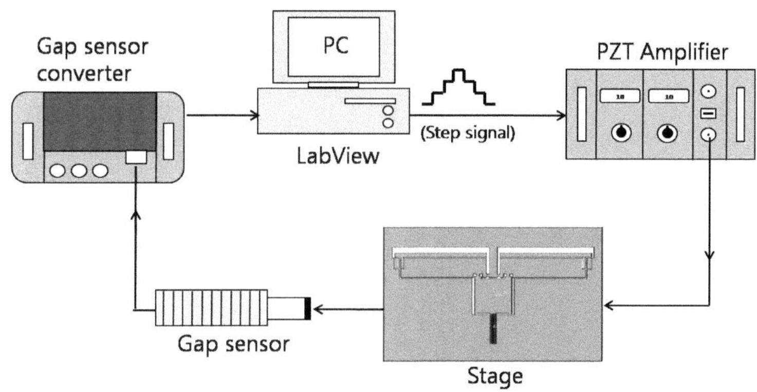

그림 15.15 실험장치 개념도

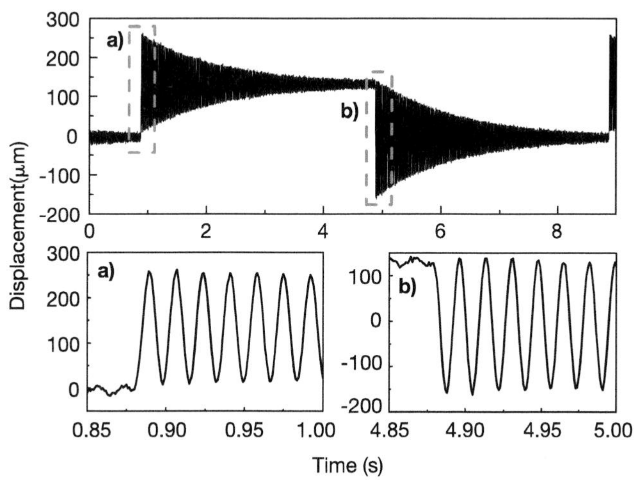

그림 15.16 계단응답: (a) 상승 시, (b) 하강 시

(2) 입력성형적용

시스템의 고유진동수와 감쇠비는 입력성형기의 적용에 있어 중요한 정보이다. 압전구동기를 포함한 시스템의 경우 히스테리시스 비선형 특성을 가져 시스템에 대한 충분한 연구가 필요하다. 실험을 통하여 고유진동수를 결정하였으며 설계된 입력성형기의 주파수는 58.5Hz로 적용하였다.

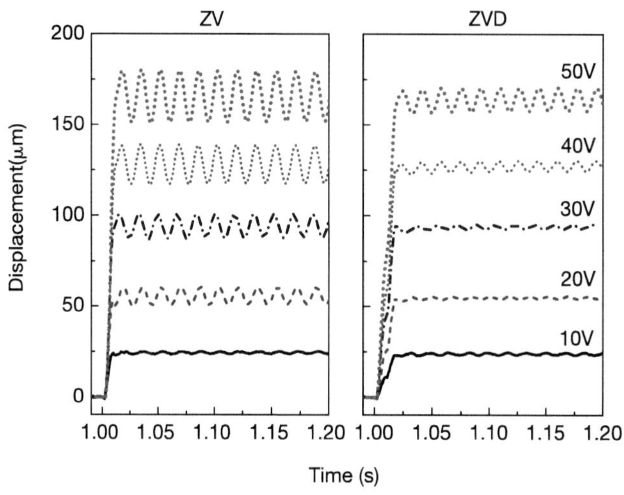

그림 15.17 실험에서 얻어진 입력의 크기가 변하는 경우의 계단응답: ZV, ZVD 성형기 적용

시스템에 계단입력을 인가하였을 때 입력성형을 적용하기 전후를 비교하였다. 그 결과는 그림 15.17에서 볼 수 있다. 적용 전의 결과에 비하여 적용 후 발생하는 진동의 크기에 차이를 확연히 볼 수 있다. 계단입력의 크기를 10V에서 50V까지 10V씩 변화시키면서 ZV와 ZVD 입력성형을 적용한 결과, 입력의 크기가 증가됨에 따라 입력성형 효과가 점차 나빠지는 것을 볼 수 있다. 입력성형에 의한 효과가 제한적인 것을 알 수 있다. ZV 성형기에 비교할 때 ZVD성형기를 사용하면 입력의 크기가 증가함에 따라 감소했던 입력성형기의 효과가 개선되었음을 확인할 수 있다.

비교적 작은 입력의 경우 기본적인 입력성형기법을 적용하여 제거하는 것이 가능하였다. 큰 입력이 인가되는 경우 히스테리시스의 영향이 상대적으로 크게 작용하여 입력성형의 효율성이 감소한 것으로 파악된다. 그러나 강건성이 높은 입력성형기를 사용할 경우 개선효과가 좋아지는 것을 확인할 수 있다. 따라서 히스테리시스 효과를 포함한 스테이지에서 큰 입력이 인가되는 경우에 입력성형기 효율의 감소는 강건한 입력성형기를 적용함으로서 개선효과를 가지는 것을 알 수 있다. 그러나 강건한 입력성형기의 경우 시간지연이 증가한다는 점을 유념하여야 한다.

한편 입력성형기의 성능을 개선하기 위해 고유진동수는 유지한 채 가상의 감쇠를 고려하는 방법으로 입력성형기를 재설계하였다. 그림 15.18에는 입력크기에 따라 응답을 최소화하는 감쇠비를 결정한 것이다. 그림 5.19는 이렇게 결정한 입력성형기를 이용한 경우와 기존 ZV 입력성형기를 이용한 경우를 비교한 것이다. 감쇠를 고려하여 응답을 획기적으로 개선할 수 있음을 볼 수 있다. 강건한 입력성형기의 경우 시간지연이 증가한다는 단점이 있었으나 이와 같은 방식은 기존의 ZV 성형기와 사실상 거의 같은 시간지연을 가지면서도 획기적으로 진동저감 효율을 높일 수 있다는 점에서 매우 실용적이라 할 수 있다.

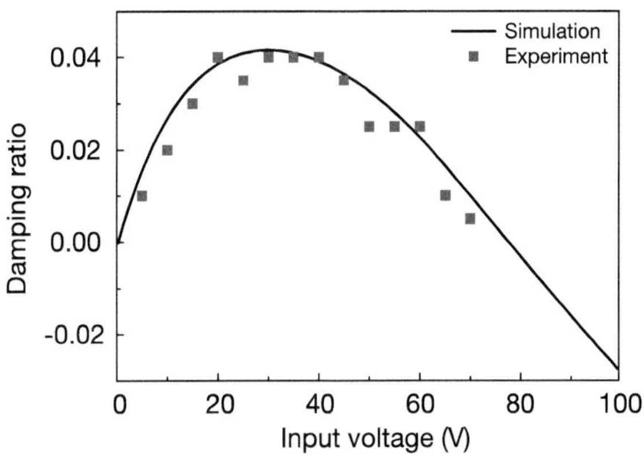

그림 15.18 입력크기에 따른 최적 감쇠비

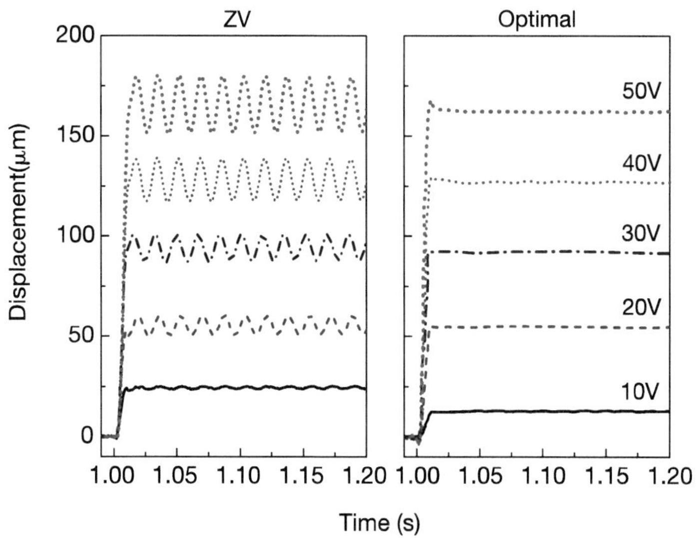

그림 15.19 최적 감쇠비를 포함한 ZV 입력성형기를 적용할 경우의 응답과 ZV 입력성형 결과 비교

15.3 시변특성이 있는 시스템

자동화된 공정에서 부품 투입이나 이송방향 전환 등의 기능을 하는 로봇은 대부분 공간의 제약하에 그 기능을 수행할 수 있어야 한다. 따라서 긴 로봇 팔이 필요한 경우, 여러 개의 보가 겹쳐진 형태를 선호하게 되며 이를 실현하는 유용한 방식 중 하나가 망원경 형태의 메커니즘을 갖는 전개(Deploying)되는 보의 형태이다. 그림 15.20은 태양광 셀공정에서 유리판을 이송하는 로봇의 개념도로서 이와 같은 메커니즘을 활용한 예이다. 망원경 형태의 메커니즘에서 보가 축방향으로 전개하게 되면 정지된 상태의 보와는 다른 특이현상이 발생하게 된다.

축방향으로 전개되는 보 구조의 로봇 팔은 구조적으로 처짐과 진동이 발생되어 전체 시스템에 나쁜 영향을 미치게 된다. 특히 보의 전개나 복귀를 통해 부품이나 제품을 공정에 투입하거나 반출하는 과정에서 횡진동(Lateral vibration)에 노출된다. 즉, 보가 전개되거나 복귀하는 과정에서 보의 길이 변화에 의한 동특성 변화와 함께 전개되는 방향의 수직방향으로 횡진동이 발생된다.

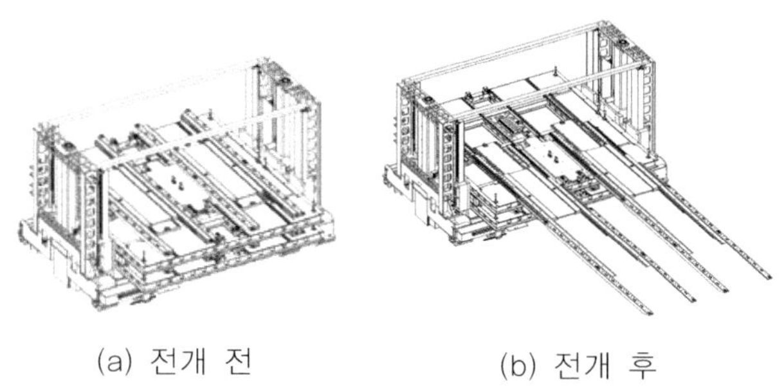

그림 15.20 망원경형 전개 메커니즘을 갖는 로봇팔

중력은 보가 전개되는 과정에서 진동을 야기할 수 있는 중요한 원인이 되나 이에 대한 분석 및 개선 방안에 대한 연구는 많지 않은 실정이다. 여기서는 중력을 받는 상태에서 축방향으로 전개되는 보의 횡진동을 분석하였고 이에 대한 개선 방법을 제안하였다. 보의 동특성 해석을 위한 단순화된 동적 모델을 도입하였고 이를 이용하여 시스템의 진동특성을 분석하였으며, 진동 저감을 위해 입력성형기법을 적용하여 그 타당성을 확인하였다. 실험 장치를 구성하여 시뮬레이션을 통해 확인한 보의 횡진동 현상과 진동저감기법을 검증하였다.

(1) 전개되는 보의 모델링

여기서 고려한 대상 시스템은 축방향으로 전개되는 보로서 시간에 따라 동특성이 변하게 된다. 그림 15.21은 고려하고 있는 모델에 대한 개략도를 나타낸다. 보가 전개되는 축방향과 수직방향을 제외한 나머지 모든 자유도가 구속된 상태인 것으로 가정하였다. 이와 같이 전개되는 보에는 전개되는 방향의 수직방향 횡진동이 발생하게 된다. 그림을 통해 알 수 있듯이 분포되어 있는 보의 질량을 끝단에 집중된 모달 질량(Modal mass)으로 가정하고, 보의 강성(Stiffness)은 끝단에서의 정적 강성으로 가정하였다.

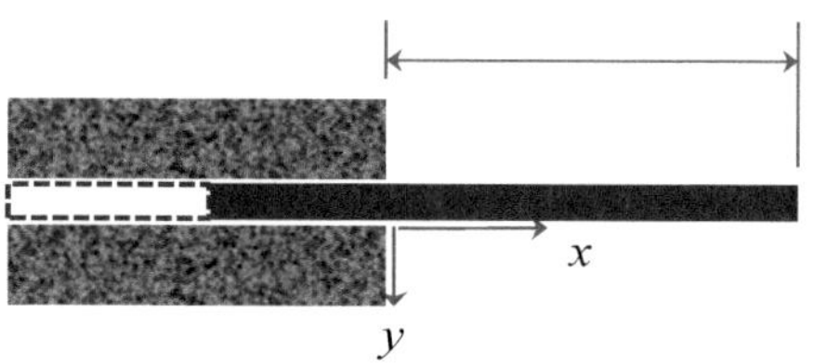

(a) axially-extending beam

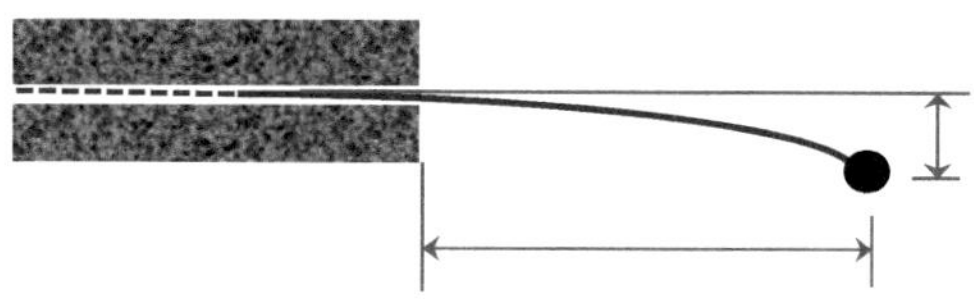

(b) approximate modal model

그림 15.21 축방향으로 전개되는 보 진동 모델

그림 15.21에서 전개되는 보를 외팔보 구조로 두고 외팔보의 끝단에서의 변위를 고려하여 전단변형을 무시하고 강성을 구하면, 외팔보의 끝단에서의 횡방향 변위에 대한 처짐공식으로부터 다음과 같이 가정한다.

$$k_b = \frac{3EI}{l_b(t)^3} \tag{15.2}$$

보의 질량은 외팔보 끝단에 집중된 모달 질량으로 두고 순간고유진동수(Instantaneous natural frequency)와 강성 정보를 통해 계산한다. 주어진 조건에서 첫 번째 순간고유진동수를 구하면 다음과 같다.

$$w_n^2 = \frac{\beta^4 EI}{l_b(t)^4 \rho A} \tag{15.3}$$

여기서 EI는 보의 강성계수(Rigidity)를, ρ, A는 각각 밀도와 단면적을 의미한다. 또, β는 고유모드에 의해 결정되는 무차원 수로서 여기서는 1.8751이다. 따라서 식(15.2)와 (15.3)으로부터 모달 질량은 다음과 같이 쓸 수 있다.

$$m_b = \frac{3\rho A l_b(t)}{\beta^4} \tag{15.4}$$

이상과 같은 모달 변수를 이용하여 축방향으로 이동하는 상태에서의 보 운동방정식을 에너지방법에 의해 유도하면 다음과 같다.

$$m_b(t)\ddot{y} + (m_b \frac{\dot{l}_b(t)}{l_b(t)} + c_b)\dot{y} + k_b(t)y = \gamma m_b(t)g \tag{15.5}$$

여기서 g는 중력가속도이며, c_b는 시스템에 인가되는 등가감쇠계수이다. 식(15.5)에서 확인할 수 있는 바와 같이 축방향 이동에 의해 질량과 강성뿐만 아니라 감쇠도 시변항이 포함되는데, 이 항은 보의 축방향 전개에 따른 질량의 시간변화로부터 유도되며, 시스템 전체의 안정성에 영향을 미치게 된다. γ는 중력에 의한 처짐량을 고려한 보정항이다.

기존의 연구에서는 전개되는 보의 안정성에 초점을 맞춘 시뮬레이션이 이루어졌으며, 진동을 발생시키게 되는 중력에 의한 효과는 고려한 경우가 많지 않았다. 여기서 살펴보고자 하는 내용은 망원경식 메커니즘을 갖는 로봇 팔의 진동을 저감하는 것이며, 로봇 팔이 전개되는 과정에서 유발되는 중력가진이 매우 중요한 영향을 미치게 된다. 시변시스템(Time-varying system)으로 표현되는 식(15.5)의 우변 외력항인 중력항이 시스템을 가진하게 되며 이에 대한 응답 해석과 이에 대한 적극적인 대책을 검토하고자 한다.

그림 15.22는 중력에 의한 횡진동을 계산한 결과이다. 중력항은 식(15.5)의 우변에서 나타나고 있으며, 식(15.4)에서 나타낸 바와 같이 등가질량이 전개되는 길이의 함수로 나타나므로 전개되는 과정에서 변동하는 가진력으로 작용된다. 응답의 시간감소를 고려하기 위해 등가감쇠에 의한 감쇠비를 0.015로 가정하였다. 또한 실제 시스템의 특성을 고려하여 보의 전개 속도를 가감속구간과 등속구간으로 구분하였으며 전개속도를 변경시키면서 계산하였다. 보의 전개과정에서 횡진동 주파수가 급격하게 바뀌며 전개가 종료되면 보는 일정한 주파수로 횡진동하게 된다. 그러나 보의 전개과정에서는 주파수도 높고 진폭이 작으나 정지 후 상대적으로 큰 진동이 잔류하게 된다. 특히 보의 전개과정에서는 등가질량의 시간변화에 따른 감쇠가 크게 나타나게 되어 응답을 억제하는 효과가 있다. 전개속도가 높아지면 주파수가 낮아지며 최종적으로 정적 처짐이 발생하게 됨을 알 수 있다.

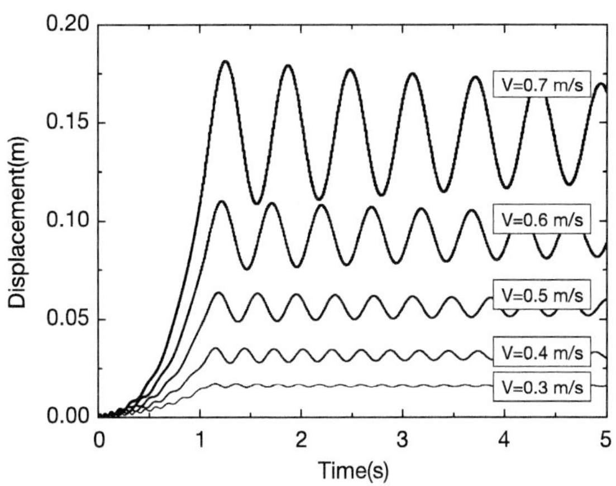

그림 15.22 전개속도를 변경시키면서 전개보의 중력에 의한 횡진동을 비교함

표 15.4 중력에 의한 진동 시뮬레이션을 위한 매개변수 조건

Parameter	Symbol	Value
Material	-	Aluminum
Initial Length	L0	0.26(m)
Initial Deflection	d0	0(m)
Deploying Velocity	V	0.4~0.8(m/s)
Deploying Time	Acc/Dec	0.05(s)
	Constant	1(s)
Material Density	ρ	2770(kg/m^3)
Young's Modulus	E	69(GPa)
Cross Section Area	A	0.04×0.002(m^2)
Area Moment of Inertia	I	0.04×0.0023/12(m^4)

(2) 입력성형기법 적용

여기서 고려하고 있는 시스템에 미치는 외력항은 중력에 의한 가진력으로서, 전개되는 축방향 변위에 비례하여 커지게 되므로 이를 입력성형하게 되면 잔류진동을 억제할 수 있다. 그러나 일반적인 시불변시스템(Time-invariant system)과는 달리 외력이 가해지는 과정에서 시스템의 특성이 변하게 되므로 입력성형의 유효성에 대한 검증이 필요하다.

그림 15.22에서 확인할 수 있는 바와 같이 보의 전개가 완료된 후 일정한 주파수로 진동하게 되므로, 입력성형기를 설계하기 위한 주파수를 전개가 완료된 상태의 고유진동수를 기준으로 하였다. 입력성형에 의한 진동저감 가능성을 검토하기 위해 ZV성형기를 이용한 진동저감 시뮬레이션을 실시하였다. 이 시뮬레이션에서는 전개속도 v=0.44m/s인 경우를 고려하였고, 이때 전개종료 상태의 고유 진동수는 각각 약 3.1Hz가 된다.

그림 15.23에 입력성형을 적용한 경우와 적용하지 않은 경우를 비교해서 보여주고 있다. 특히, 입력성형기 주파수를 변화시킬 경우의 변화를 같이 도시하였다. 진동저감 효과가 뚜렷이 관측되고 있으나 시불변시스템과는 달리 입력성형기 설계주파수를 고유 진동수와 다소 차이가 나도록 설정한 경우에 더 좋은 진동저감 효과를 보이고 있다. 또한 입력성형에도 불구하고 어느 정도의 잔류진동이 남게 됨을 볼 수 있다. 이와 같은 특성은 전개속도 및 시스템 특성에 따라 다르게 나타나게 되는데, 이는 확정된 주파수를 기초로 설계된 입력성형기를 시변시스템에 적용함에 따른 한계로서 이 같은 특성을 개선하기 위해 주파수와 감쇠비를 설계변수로 두고 최적화하는 방안을 고려할 수 있으며 후반부에 자세히 설명하였다.

실험을 통해 전개되는 보의 동특성을 직접 관찰하고 입력성형기법에 의한 횡진동 저감방법의 타당성을 확인하기 위해 실험을 실시하였다. 그림 15.24는 실험장치의 개념도를 나타내고 있다. 이 실험에서는 모션컨트롤러로 실시간 제어가 가능하도록 개발된 컴팩리오(CompactRIO)를 이용하였다. LabView를 이용하여 제어 프로그램을 구성하였으며, 데이터 저장 및 제어변수(속도, 가속도) 수정은 실시간으로 처리 가능하도록 하였다. 또한 전개되는 보의 횡진동 측정을 위해 프레임 속도(Frame rate)가 60fps인 카메라를 사용하였다. 보의 횡진동을 측정하기 위해 전개되는 보의 끝단에 원형의 타겟(Target)을 부착하여 보의 전개 중 측정된 영상에서 영상처리를 통해 타겟의 중심점 위치를 추적하는 방식을 이용하였다. 영상의 크기를 확대하여 측정의 정밀도를 높일 목적으로 측정범위를 전개과정의 후반부와 종료 후를 위주로 측정하였다.

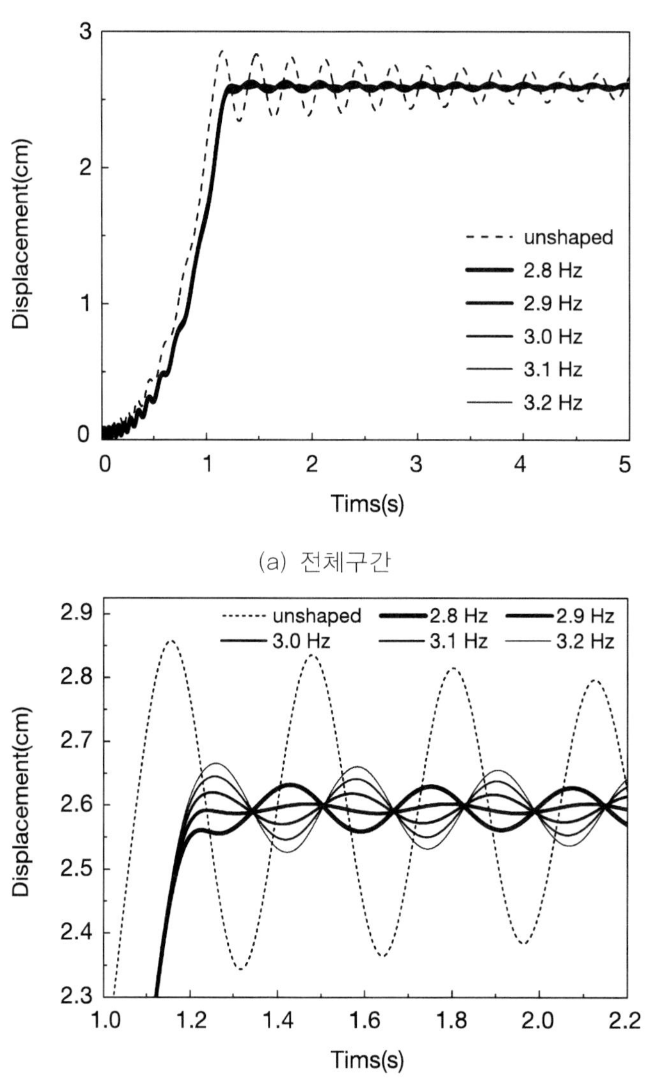

(b) 구간확대

그림 15.23 전개속도가 0.44m/s일 때 입력성형을 적용한 경우와 적용하지 않은 경우의 비교: 입력성형기 설계주파수를 변경하며 계산

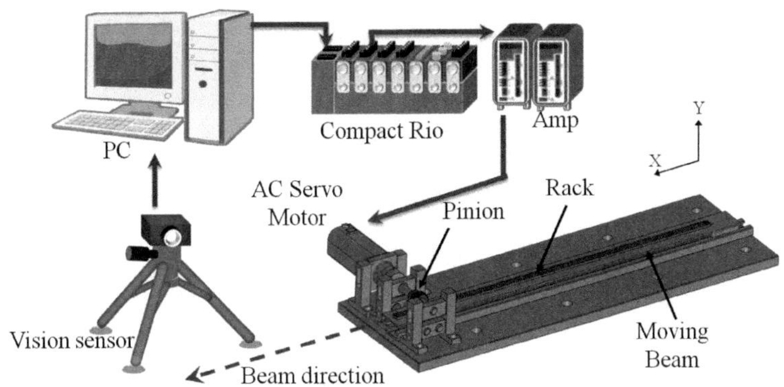

그림 15.24 실험장치 개념도

그림 15.25 전개보 실험을 위한 실제 시스템

그림 15.25는 실험을 위해 제작한 실험 장치 사진을 보여주고 있다. 전개되는 보는 두께 2mm의 얇은 알루미늄 보로 보의 위면에 래크(Rack)를 부착하였으며 피니언(Pinion)과 맞물려 보를 전개시키게 된다. 구동장치로는 서보모터(Servo Motor)를 사용하였으며 모터의 동력은 축을 통해 피니언으로 직결하여 전달하였다.

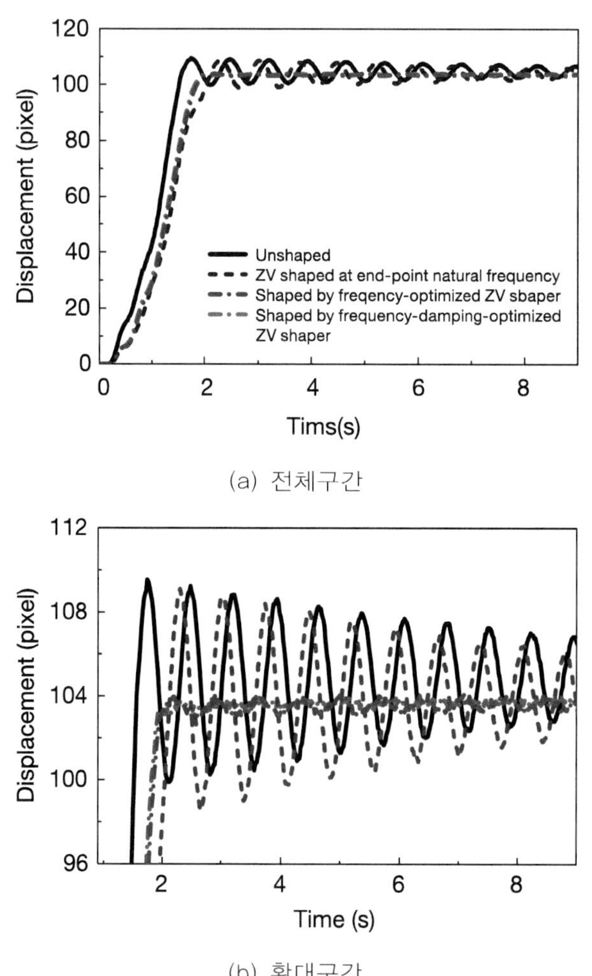

(a) 전체구간

(b) 확대구간

그림 15.26 입력성형을 적용하지 않은 경우와 적용한 경우의 응답 비교: 단순 ZV와 최적화된 ZV를 비교하였음

그림 15.26은 ZV 입력성형기를 적용하기 전후의 측정결과를 비교하여 나타내고 있다. 보의 이송속도는 0.44m/s이며 가감속 시간은 50ms이고 1초 동안 입력을 주고 보의 총 길이가 720mm일 때 보의 끝단에서 발생되는 횡진동을 얻은 결과이다. 그림에서 보여주는 결과는 입력성형기 설계주파수를 최종 고유진동수인 1.3Hz로 설정한 경우로서 최종 상태의 고유진동수를 이용하면 그림에서 볼 수 있는 바와 같이 입력성형방법에 의해 진동감소 효과를 거의 얻을 수 없으나, 그림에서와 같이 주파수 및 감쇠를 조정하며 진동의 감소효과가 개

선된 결과를 얻을 수 있었다. 그림 15.27은 주파수와 감쇠비를 변경시키면서 측정한 입력성형 후 잔류진동 응답의 절대치를 비교해서 보여주고 있다. 실험의 신뢰성을 높이기 위해 동일한 실험을 여러 번 수행하여 같은 그림에 표시하였다. 결과에서 볼 수 있는 바와 같이 최종 위치 고유 진동수보다 많은 높은 1.75Hz 정도에 적정 주파수가 존재하며 감쇠비에 따른 변화는 크지 않은 것을 확인할 수 있다.

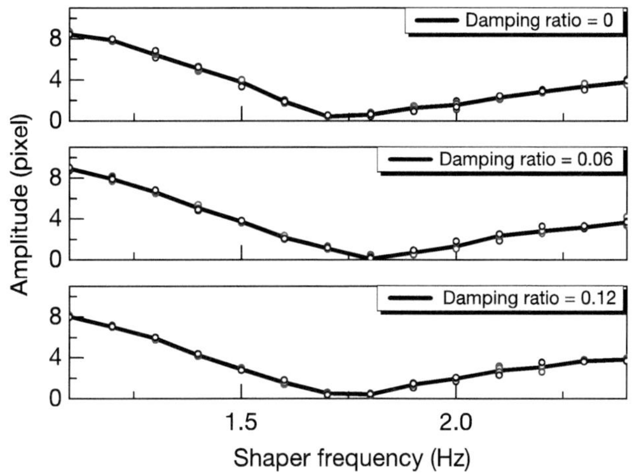

그림 15.27 성형기의 주파수 및 감쇠를 변화시킬 경우의 잔류진동 비교

APPENDIX

01

MATLAB 기초

MATLAB은 고성능 수치계산 및 도식화를 위한 고급 컴퓨터 프로그램 언어로서 비전문가도 간편하고 쉽게 익히고 사용할 수 있는 장점이 있다. 특히 행렬계산, 시스템 해석에 필요한 많은 계산을 내장함수를 이용하여 간단하게 처리할 수 있어 매우 유용하다. 입력성형에서도 이 같은 기능을 이용하여 다양한 분석을 할 수 있다.

A1.1 MATLAB 기본 환경

(1) 3개의 기본 윈도우

① Command Window : 명령어(command)나 데이터를 입력하기 위한 창

② Graphics Window : 그림과 그래프를 출력하기 위한 창

③ Edit Window : MATLAB 프로그램 파일(M file)을 만들고 편집하기 위한 창

(2) MATLAB 실행 순서

① Matlab 실행

② 작업할 디렉토리 결정(Path browser를 사용하거나 cd 명령어 사용). 선택하지 않으면 초기에 설정되어 있는 디렉토리(matlab₩work)에서 작업

③ 간단한 수식은 Command Window에서 직접 입력/계산 가능함

④ 긴 실행프로그램(M-file)을 작성하기 위해서 Edit Window 활용

A1.2 기본 명령어

```
>> %        : 주석문을 넣을 때 사용
>>dir       : 디렉토리 내의 파일들을 보여줌
>>cd        : 작업하고 있는 디렉토리를 보여줌
```

```
>>cd ..     : 상위의 디렉토리를 보여줌
>>who       : 현재 저장되어 있는 변수명을 출력
>>whos      : 저장된 변수명의 크기와 상태를 출력
>>clear     : 저장된 변수의 값들을 지움
>>clear all  : 모든 저장된 변수들을 지움
>>clear a, b : 변수 a와 b와 그 변수에 저장된 값 지움
```

A1.3 변수 정의 및 산술 연산 명령어

(1) 변수의 정의 및 값 지정

```
>> 변수명(variable) = 값 또는 수식(expression);
```

스칼라

```
>> a = 4
>> A = 4;          % echo printing off
>> a=4, A=6; x=1;% 대소문자 구분


>> a
>> A
>> x=2+i*4                : 복소수 정의
```

벡터 및 행렬

```
>> a = [1 2 3 4 5]
>> b = [2;4;6;8;10]
또는 >> b = [2 4 6 8 10]'
>> A = [1 2 3; 4 5 6; 7 8 9];
>> A = [1 2 3
4 5 6
7 8 9]
```

변수 확인

```
>> who
>> whos
>> b(4)
>> A(2,3)
```

행렬정의를 위한 함수

```
>> E = zeros(2,3)
>> u = ones(1,3)
```

colon 연산자

```
>> t=1:5            % 시작:끝
t =
      1     2     3     4     5

>> t= 1:0.5:3    %시작:증분:끝, 음수 증분값 가능
t =
      1.0000   1.5000    2.0000    2.5000    3.0000

>> A(2,:)           % 행렬 A의 두번째 행(row) 선택
ans =
4    5    6
```

(2) 사칙 연산 (+ - * / \)

```
>> 2*pi
ans =
                                                6.2832
>>x=1+2-3*4
x =
                                                    -9
>> a='KIT'
a =
                                                   KIT
```

```
>>a=1+4^2+4*7 ...  % 명령어가 길어 다음 줄 입력코자 할 때
(Space Bar ...) 사용
      +2+4
>> y=pi/4;          %echo printing off
>> y^2.45
ans =
                                                    0.5533
```

벡터와 행렬의 연산

```
>> a=[1 2 3];
>> b=[4 5 6]'       % 전치행렬(transpose)
>> a*b
ans =
                                                        32
>> c=a*b
c =
                                                        32

>>A = [1 2 3;4 5 6;7 8 9];
>>A/pi
>>A^2
>>A.^2    % "."는 요소별 계산을 의미함.
```

A1.4 M file을 활용한 프로그래밍

(1) 프로그래밍 과정

- M-file은 여러 개의 Command를 작성하여 한 번에 실행시키기 위해 사용.
- M-file 등을 작성하기 위해서 Edit/Debugger Window를 실행시킴
 ※ Command Window에서 "edit"를 치거나 아이콘에서 "New m-file"을 누름
- 문법에 맞도록 M-file을 작성한 후 저장 (파일명 결정)
- Command Window에서 해당 M-file 명을 적고 Enter
- 결과 확인 및 에러메시지에 따라 디버깅

(2) 독립적인 함수 파일 구성하기

a. function 출력 변수 = 함수 이름(입력 변수)의 형태로 함수 정의.
b. 함수의 본체를 작성.
c. 함수의 파일 이름은 함수명과 동일해야 함.

```
% 함수를 실행하기 위한 Main M-File (임의의 파일명)
   x=0:0.1:2*pi;
   [y,z] = f_plot(x)
   plot(x,y,'b--',x,z,'r:')
```

Function M file : 파일명 f_plot.m, 같은 작업 디렉토리 안에 있어야 함

```
   function [z1,z2] = f_plot(x)
   z1=sin(x);
   z2=cos(x);
```

(3) 함수를 포함하여 한 개의 파일로 만들기

```
function main()
x=0:0.1:2*pi;
[y,z] = function_plot(x)
plot(x,y,'b--',x,z,'r:')

function [z1,z2] = function_plot(x)
z1=sin(x);
z2=cos(x);
```

(4) 구조화된 프로그래밍

① if 문 (elseif와 else 포함)

```
if 논리식
명령어 문장
elseif 논리식
명령어 문장
```

```
else
명령어 문장
end
```

② Error function

```
error(msg)
```

'msg'를 출력하고 프로그램 종료, command window로 돌아감.

③ 논리 관계 연산자(Relational Operators)

관계 연산자의 종류	해당 연산자에 대한 설명
<	"보다 작다(Less than)"
<=	"작거나 같다(Less than or equal to)"
>	"보다 크다(Greater than)"
>=	"크거나 같다(Greater than or equal to)"
==	"같다(Equal to)"
~=	"같지 않다(Not equal to)"

(4) 반복문

① for 문:

```
for 지수(index)=초기치:증분:최종치
  명령어 문장들
end
```

[사용예 1]

```
for x=1:0.2:4
    y=x^2
end
```

[사용예 2]

```
for i=10:-1:1
   disp(i)
end
```

② while 문

```
while 조건문
    명령어 문장들
end
```

[사용예]

```
r=0;
while r<6
vol=(4/3)*pi*r^3;
disp([r,vol])
r=r+1;
end
```

(5) 유용한 함수

① 함수값 계산하기

```
>> outvar = feval('funcname',arg1, arg2, …)
   % arg1, arg2, …: 함수에 들어가는 입력값
```

(예) `>> outvar = feval('cos', pi/6)`

② inline 함수

독립적인 M file로 저장시킬 필요 없는 한 줄짜리 함수 정의

```
>> fx=inline('cos(x)*sin(x)')
fx =
     Inline function:
     Fx(x) =cos(x)*sin(x)
>> fx(pi)
ans =
     0.0000
```

A1.5 출력 형식 명령어 및 기타 명령어

"format"명령어는 matlab에 의해 표현되는 수치의 형태를 제어

```
>>format short                         % 기본적인 수치표현 양식
   ex) >>X=4/3
          X =  1.3333
>>format short  e                      % 지수형으로 나타낼 때
>>format long
>>format bank                          % 소수 두 번째 자리까지 표시
>>format rat                           % 분수식 표현
```

>>help topic_name : Matlab상의 모든 Topic_name에 대한 정보 제공

>>lookfor topic_name : 관련된 모든 명령어의 검색

>>diary : 저장하고 싶은 데이터가 화면에 나타나기 전 파일 이름과 함께 실행, diary off를 치면 화면에 나타난 데이터가 지정된 파일에 저장

>>save : diary와 달리 변수를 화면에 나타내지 않고 저장

save : 모든 변수를 저장

save file_name A: 변수 A를 'file_name.mat'에 저장

>>load : save로 저장된 데이터를 loading

>>load file_name: file_name.mat에 저장된 데이터를 호출

>>disp('문자열') : 입력한 문자열을 화면에 출력

```
   ex) >> disp('kit')
          kit
```

>>disp(x) : 벡터나 행렬 이름은 나타나지 않고 그 요소들만 화면에 출력

>>fprintf : 문자열과 데이터를 함께 프린트

```
>>vol=12345566.3455
   vol =
        1.2346e+007
>> fprintf('Volume of the sphere %12.5f.\n',vol)
   Volume of the sphere 12345566.34550.
```

A1.6 2차원/3차원 그래프 그리기

① 2차원 그래프 그리기

```
clear all
x=[0:0.2:10]';
y=sin(x).*exp(-0.4*x);
plot(x,y,'*')
grid on % 격자 무늬가 나오게
title('title : grid on 시켰을 때')
xlabel('x')
ylabel('y')
```

a. grid → 격자무늬 표시(on, off)
b. title
title('문자열'): 그래프 위에 주어진 문자열을 첨가.
c. xlabel, ylabel
xlabel('문자열'): 그래프에 주어진 '문자열'을 "x"축 라벨로 첨가.
d. plot
plot(x,y,'linestyle') → "x, y"가 같은 크기의 배열이어야 함.
'linestyle'에는 사용자가 원하는 선의 모양(style)과 색을 지정.
e. Graph를 다른 문서에 붙이기
Graph의 메뉴에서 Edit 선택 -> Copy Figure 선택 -> 해당 문서에서 Ctl-V

② 3차원 그래프 그리기

(1) mesh, surf 함수 쓰기: mesh(x,y,z), surf(x,y,z)

```
clear
xa=-2:0.2:2;
ya=-2:0.2:2;
[x,y]=meshgrid(xa,ya);
z=x.*exp(-x.^2-y.^2);
figure(1)
mesh(x,y,z)
figure(2)
```

```
surf(x,y,z)
```

(2) plot3

```
plot3(x,y,z)
t=0:0.1:20;
r=exp(-0.2*t);
th=0.5*pi*t;
z=t;
x=r.*cos(th);
y=r.*sin(th);
plot3(x,y,z)
```

A1.7 심볼에 의한 연산

- 연산을 위한 심볼의 정의

```
>> sym a
>> syms a b c d x
```

- 심볼연산의 활용

```
>> a=cos(x)
>> diff(a)
>> int(a)
```

- 복잡한 연산

```
>> m=[1 2;3 4]
>> c=exp(m*b)
>> diff(c)
>> int(c)
```

APPENDIX

02

전달함수

A2.1 전달함수(Transfer Function)의 정의

전달함수는 선형 동적 시스템을 표현하는 매우 편리한 도구이다. 먼저 전달함수를 정의하기 위해 동적 시스템을 표현하기 위한 미분방정식을 고려하도록 한다. 일반적으로 단일 입·출력 선형 시불변 동적 시스템(Single input/single output linear, time-invariant dynamic system)을 지배하는 방정식은 다음과 같은 선형미분방정식으로 표현할 수 있다.

$$a_0 y^{(n)} + a_1 y^{(n-1)} + \dots + a_{n-1}\dot{y} + a_n y = b_0 x^{(m)} + b_1 x^{(m-1)} + \dots + b_{n-1}\dot{x} + b_m x \tag{A2.1}$$

식(A2.1)의 양변을 초기치가 없다고 가정하고 라플라스 변환을 하면 다음과 같은 결과를 얻을 수 있다.

$$(a_0 s^n + a_1 s^{n-1} + \dots + a_{n-1}s + a_n s)Y(s) = (b_0 s^m + b_1 s^{m-1} + \dots + b_{n-1}s + b_m s)X(s) \tag{A2.2}$$

여기서 $X(s)$, $Y(s)$는 각각 $x(t)$, $y(t)$의 라플라스 변환이다. 식(A2.2)로부터 다음과 같이 전달함수를 정의할 수 있다.

$$G(s) = \frac{Y(s)}{X(s)} = \frac{(a_0 s^n + a_1 s^{n-1} + \dots + a_{n-1}s + a_n s)}{(b_0 s^m + b_1 s^{m-1} + \dots + b_{n-1}s + b_m s)} \tag{A2.3}$$

■ [예제 A2.1]

다음 시스템의 전달함수를 구하라.

$$\ddot{x} + 2\zeta\omega_n \dot{x} + \omega_n^2 x = f(t)$$

[풀이방법]

$$(s^2 + 2\zeta\omega_n s + \omega_n^2)X(s) = F(s) \Rightarrow G(s) = \frac{1}{s^2 + 2\zeta\omega_n s + \omega_n^2}$$

■ **추가 예제**

다음 시스템의 전달함수를 구하라.

$$2\frac{d^3y}{dt^3}+3\frac{d^2y}{dt^2}+4\frac{dy}{dt}+5y=6\frac{dx}{dt}$$

A2.2 블록선도(Block Diagram)

시스템의 구성 및 신호 흐름의 파악을 용이하게 하기 위해 블록선도를 많이 사용한다. 블록선도는 다음과 같이 정의된다.

[블록선도 표시 방법]

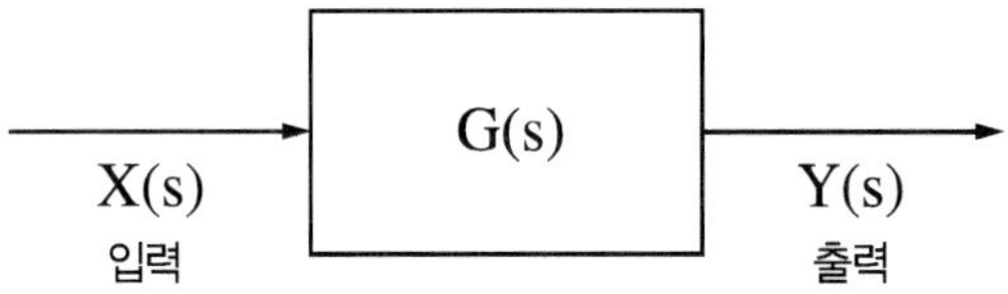

그림 A2.1 입출력 및 전달함수로 표시된 블록선도

위의 그림이 갖는 의미는 주어진 전달함수의 정의식으로부터 다음과 같이 쓸 수 있다.

$$\frac{Y(s)}{X(s)}=G(s) \quad \text{or} \quad Y(s)=G(s)X(s) \tag{A2.4}$$

즉, 블록선도의 출력은 입력과 전달함수를 곱한 형태가 된다는 것이다. 다음과 같은 블록선도를 고려하자.

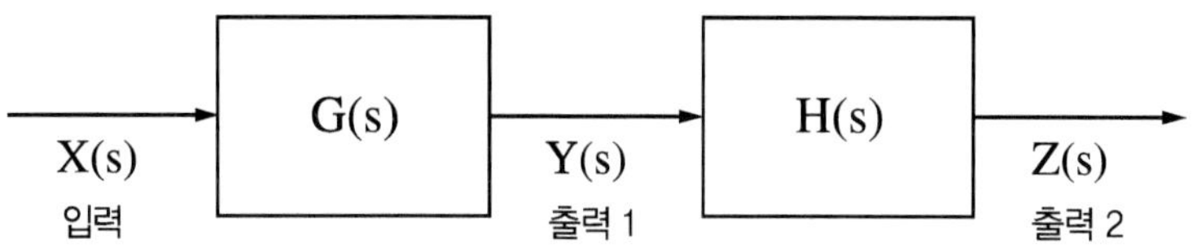

그림 A2.2 두 개의 연속된 입출력 관계에 대한 블록선도

위 블록선도를 입,출력 및 전달함수의 관계를 적용하면 다음과 같은 식을 얻는다.

$$\frac{Y(s)}{X(s)} = G(s) \qquad \frac{Z(s)}{Y(s)} = H(s) \tag{A2.5}$$

따라서 최초 입력과 최종 출력 간의 전달함수를 다음과 같이 구할 수 있다.

$$Y(s) = G(s)X(s),\ Z(s) = H(s)Y(s) => Z(s) = H(s)G(s)X(s)$$

즉,

$$\frac{Z(s)}{X(s)} = H(s)G(s) \tag{A2.6}$$

[합산점의 표시]

두 개의 신호가 한 점에서 합쳐질 때는 합산점이라 하고 아래의 그림과 같이 표현한다.

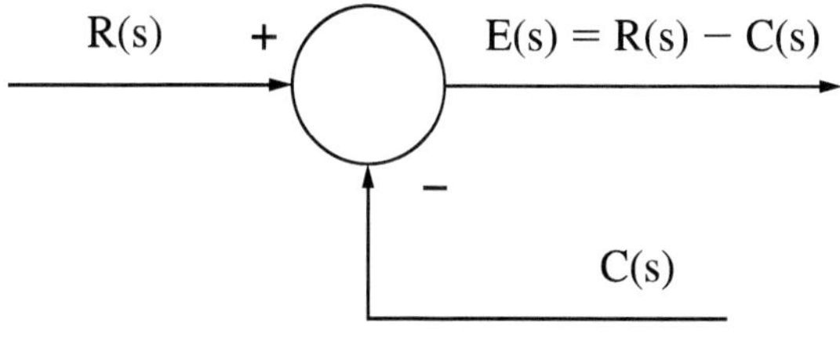

그림 A2.3 합산점 표시

위 합산점은 두 개의 신호 중 한 개는 더해지고 다른 한 개는 감해지는 경우를 표현한 것이다. 합산점은 신호의 흐름을 표현하는 데 있어 매우 중요한 의미가 있다. 다음은 제어의 기본 개념인 되먹임제어 루프를 표현하는 방법을 소개하였다.

아래에 보여지는 그림 A2.4는 폐루프 시스템을 표현하고 있다. 그림의 오른쪽 부분에는 동일한 신호를 두 갈래로 나누는 분기점이 표현되어 있다.

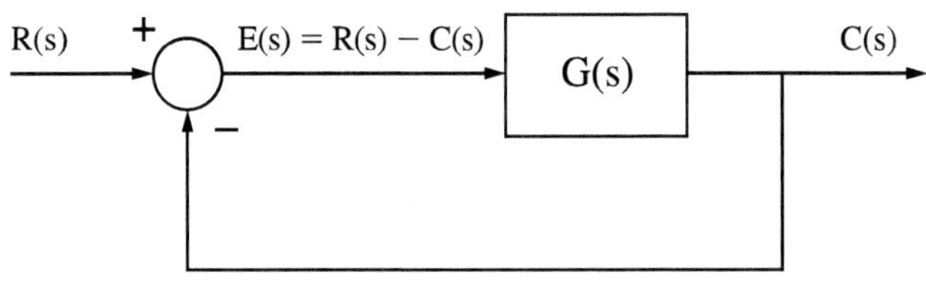

그림 A2.4 폐루프 시스템

전달함수에 가해지는 입력과 출력의 관계로부터 다음의 식을 얻는다.

$$C(s) = G(s)E(s) = G(s)(R(s) - C(s)) \tag{A2.7}$$

입력과 출력에 관한 성분을 구분해서 표현하면 다음과 같다.

$$(1 + G(s))C(s) = G(s)R(s) \tag{A2.8}$$

따라서 입력과 출력 간의 관계인 폐루프 전달함수를 구하면 다음과 같다.

$$\frac{C(s)}{R(s)} = \frac{G(s)}{1 + G(s)} \tag{A2.9}$$

A2.3 시스템 응답 해석

시스템에 입력이 가해졌을 때에 대한 응답을 구하는 과정을 응답해석이라 한다. 시스템 응답은 크게 과도 응답과 정상상태 응답의 두 가지로 분류할 수 있다. 과도 응답(Transient response)이란 입력을 가했을 때 초기상태로부터 정상상태로 가는 과정의 응답을 의미한다.

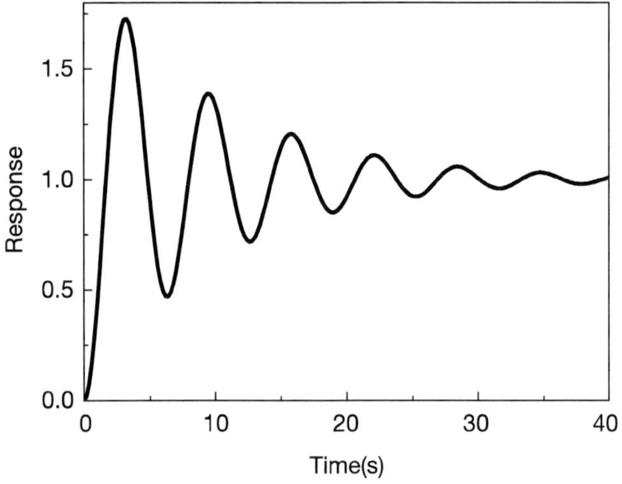

그림 A2.5 2차 시스템 과도 응답의 예

한편, 정상상태 응답(Steady state response)은 입력을 가한 후 충분한 시간이 지난 후 정상상태에서의 응답을 의미한다. 물론 정상상태 응답은 안정한 시스템에 대해서만 존재한다.

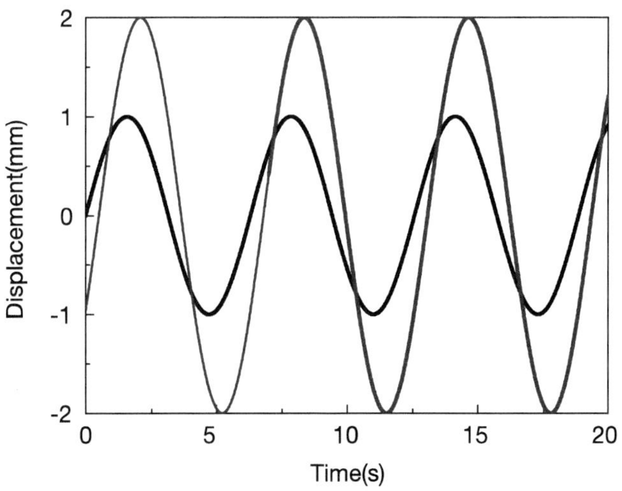

그림 A2.6 2차 시스템 정상상태 정현파입력과 응답의 예

A2.4 과도 응답 해석 시 사용되는 전형적인 시험신호

시스템의 특성을 평가하기 위해 가장 많이 사용되는 입력을 열거하면 다음과 같다.

(1) 충격(Impulse)

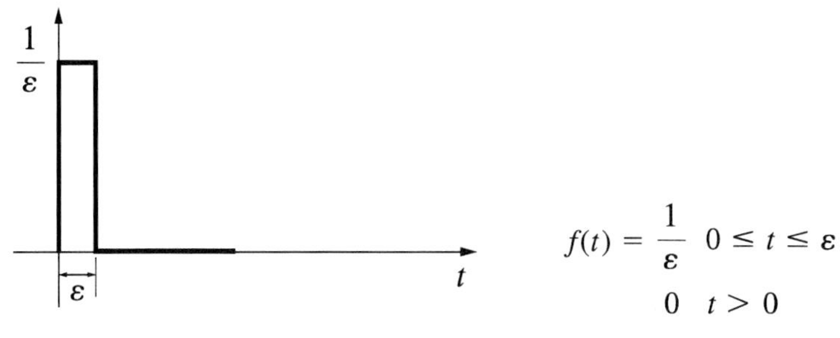

그림 A2.7 충격입력의 정의

그림 A2.7은 충격함수를 보여주고 있다. 그림에 표시된 바와 같이, 충격함수는 ε을 0으로 수렴시키는 방식으로 정의된다.

$$\delta(t) = \lim_{\epsilon \to 0} f(t) \tag{A2.10}$$

충격함수를 적분하면 다음과 같은 결과를 얻을 수 있다.

$$\int_{-\infty}^{\infty} \delta(t) dt = 1 \tag{A2.11}$$

충격함수란 무한히 짧은 시간동안 무한대 크기의 입력이 되는 것을 의미하므로 실제 물리적으로 존재하기 어려우나 시스템의 특성을 평가하는 데 유용한 경우가 많아 널리 사용되고 있다. 특히 이 책에서 다루고 있는 입력성형기의 경우 이와 같은 충격함수를 이용하여 입력성형기를 표현하므로 가장 중요한 형태의 입력함수라 할 수 있다.

충격함수를 라플라스 변환하면 그 결과가 상수 1이 된다. 즉,

$$L\{\delta(t)\} = 1 \tag{A2.12}$$

따라서, 충격함수를 시스템에 가해지는 입력으로 주게 되면 다음과 같은 식이 성립한다.

$$Y(s) = G(s)U(s) = G(s) \quad \Rightarrow g(t) \tag{A2.13}$$

여기서 얻어진 $g(t)$를 충격응답함수 또는 그린함수(Green function)라고 한다. 이 함수를 이용하면 일반적인 입력이 가해졌을 때에 대한 응답을 손쉽게 계산할 수 있다.

임의의 입력에 대한 라플라스 변환을 $L\{u(t)\} = U(s)$라고 하면, 출력은 다음과 같이 표현된다.

$$Y(s) = G(s)U(s) \tag{A2.14}$$

따라서 2장에서 기술한 합성적분을 이용하면 다음과 같이 일반적인 입력에 대한 응답을 계산할 수 있다.

$$y(t) = g(t)^* u(t) = \int_0^t g(t-\tau)u(\tau)d\tau \tag{A2.15}$$

(2) 계단입력(Step input)

시스템에 입력되는 가장 전형적인 입력으로 계단함수를 많이 활용하고 있다. 계단함수는 입력이 존재하지 않다가 어느 순간 일정한 값이 가해지는 상황을 잘 표현할 수 있으며 실제 시스템에 가해지는 입력이 이렇게 발생되는 경우가 많다. 그림 A2.8은 단위크기의 계단함수를 보여주고 있다.

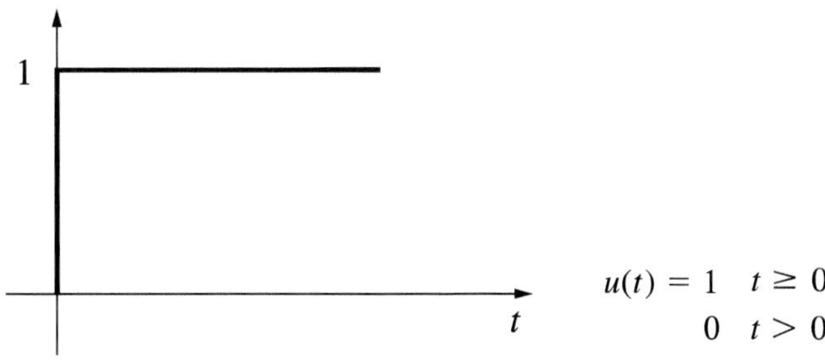

그림 A2.8 단위계단함수의 정의

단위계단함수의 경우 라플라스 변환을 하면 다음과 같다.

$$L\{u(t)\} = \frac{1}{s} \tag{A2.16}$$

따라서 라플라스 영역에서의 출력은 아래와 같다.

$$Y(s) = G(s)U(s) = \frac{1}{s}G(s) \tag{A2.17}$$

최종값 정리에 의해 주어진 입력에 대한 최종출력을 구할 수 있다.

$$\lim_{t \to \infty} y(t) = \lim_{s \to 0} s\,Y(s) = \lim_{s \to 0} G(s) \tag{A2.18}$$

(3) 램프(Ramp) 입력

입력을 가할 때 특정한 값을 급격히 가하기보다 일정한 비율로 서서히 증가시켜 원하는 값에 도달하도록 하는 방식이 많이 사용된다. 예컨대 모터의 속도를 원하는 속도에 도달하도록 명령을 발생시킬 때, 가감속 비율을 지정함으로서 속도가 일정 비율로 증가 또는 감속하도록 하는 방법을 사용한다. 이와 같이 가감속이 존재하는 경우에 편리하게 사용할 수 있는 함수가 램프입력이다. 그림 A2.9는 단위크기의 기울기로 변하는 램프함수를 보여주고 있다.

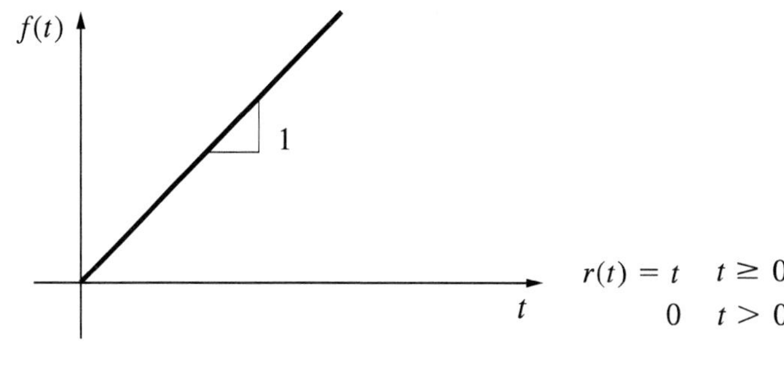

그림 A2.9 램프함수의 정의

램프입력의 라플라스 변환은 다음과 같이 얻어진다.

$$L\{r(t)\}= \frac{1}{s^2} \tag{A2.19}$$

(4) 가속도(acceleration) 입력

가속도 입력이란 시간에 대한 제곱의 비율로 입력이 커지는 경우를 나타내며 다음과 같이 표현된다.

$$a(t) = \begin{matrix} \frac{t^2}{2} & t \geq 0 \\ 0 & t > 0 \end{matrix} \tag{A2.20}$$

또한 라플라스 변환은 다음과 같이 표현된다.

$$L\{r(t)\}= \frac{1}{s^3} \tag{A2.21}$$

일반적으로 시간에 관한 n차승의 함수와 그 라플라스 변환은 다음과 같이 표현된다.

$$q(t) = \frac{t^n}{n!} \tag{A2.22}$$

$$L\{q(t)\}= \frac{1}{s^{n+1}} \tag{A2.23}$$

A2.5 단위계단 응답

먼저 1차 미분방정식으로 표현되는 1차 시스템에 대한 응답을 고려하자. 그림 A2.10은 대표적인 1차 시스템인 회전체 시스템을 나타내고 있다. 입력을 토크로 출력을 회전속도로 둘 때, 회전체 시스템은 선형 1차 미분방정식으로 표현된다.

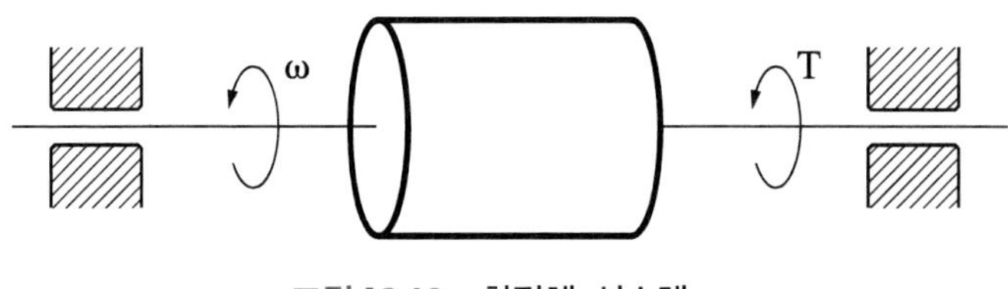

그림 A2.10 회전체 시스템

회전체에 뉴튼의 운동방정식을 적용하면 다음과 같다.

$$\sum T = J\dot{\omega} \qquad T - b\omega = J\dot{\omega} \tag{A2.24}$$

$$T + J\dot{\omega} = b\omega \tag{A2.25}$$

식(A2.25)의 양변을 라플라스 변환하면,

$$(Js+b)\,\Omega(s) = T(s) \tag{A2.26}$$

식(A2.26)의 입출력 관계로부터 다음과 같이 전달함수를 결정할 수 있다.

$$G(s) = \frac{\Omega(s)}{T(s)} = \frac{1}{Js+b} = \frac{1}{b}\frac{1}{\frac{J}{b}s+1} \tag{A2.27}$$

식(A2.27)에서 볼 수 있는 바와 같이 일반적으로 1차시스템은 그 전달함수의 분모가 s에 관한 1차식으로, 분자는 상수로 표현된다. 1차시스템의 특성을 살펴보기 위한 1차시스템의 표준적인 정의는 식(A2.28)과 같다.

$$G(s) = \frac{1}{Ts+1} = \frac{Y(s)}{U(s)} \tag{A2.28}$$

여기서 T는 시정수(또는 시간상수, Time constant)라고 하며 1차시스템의 특징을 결정하는 매우 중요한 특성치이다. 분모를 0으로 만드는 s값 즉, $-\frac{1}{T}$을 극점이라 한다.

1차시스템에 단위계단입력이 가해졌을 때의 응답을 단위계단응답이라 하며 라플라스 변환을 통해 쉽게 계산할 수 있다.

입력이 단위계단함수이므로 라플라스 변환하면 다음과 같다.

$$U(s) = \frac{1}{s} \tag{A2.29}$$

따라서 라플라스 변환 상태의 응답은 아래와 같다.

$$Y(s) = G(s)U(s) = \frac{1}{Ts+1}\frac{1}{s} = \frac{1}{s} - \frac{T}{Ts+1} \tag{A2.30}$$

식(A2.30)을 라플라스 역변환하면 단위계단응답을 얻을 수 있다.

$$y(t) = L^{-1}\{Y(s)\} = 1 - e^{-t/T}, \quad t \geq 0 \tag{A2.31}$$

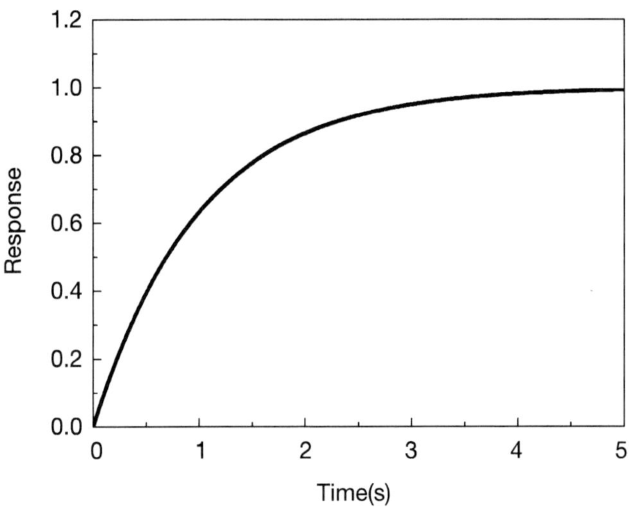

그림 A2.11 1차시스템의 단위계단 응답

그림 A2.11은 1차시스템의 단위계단 응답을 보여주고 있다. 시간이 흐름에 따라 응답이 입력을 따라가고 있음을 볼 수 있다. 시정수에 해당되는 정도의 시간이 흘렀을 때, 입력의 약 63% 수준의 값에 도달하고 있음을 볼 수 있다. 그림 A2.12는 시정수의 변화에 따른 단위계단 응답의 변화를 보여주고 있다. 시정수가 커짐에 따라 응답의 속도가 감소함을 확인할 수 있다.

$$\sum F = m\ddot{x} \qquad m\ddot{x} + b\dot{x} + kx = p(t) \tag{A2.32}$$

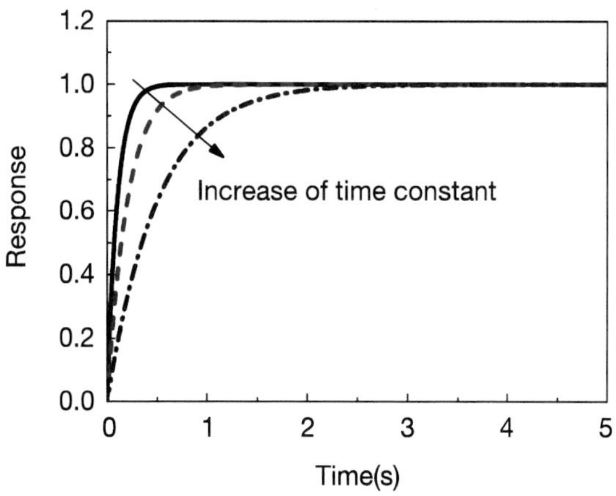

그림 A2.12 시정수의 변화에 따른 단위계단응답의 변화

많은 시스템이 2차 선형미분방정식으로 표현되는 2차 시스템으로 모델링할 수 있다. 대표적인 2차시스템으로 앞장에서 기술한 바 있는 진동시스템을 고려하도록 한다. 그림 A2.13은 1 자유도 진동계의 모델을 보여주고 있다. 진동계의 운동방정식을 구하기 위해 뉴튼 운동법칙을 적용하면 식(A2.32)와 같은 선형 2차 미분방정식을 얻을 수 있다.

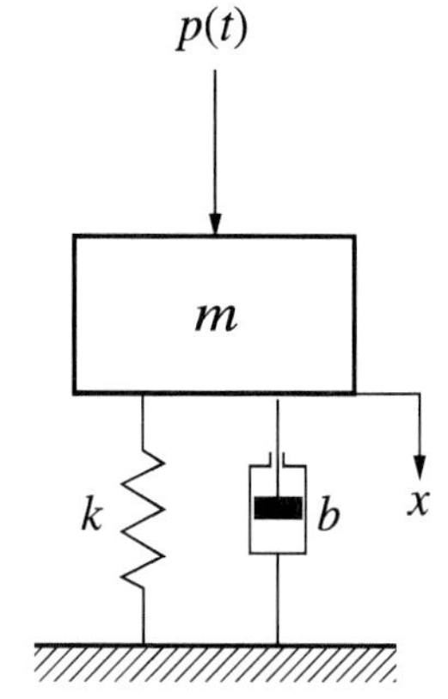

그림 A2.13 1 자유도 진동시스템

식(A2.32)를 라플라스 변환하면 아래의 식을 얻는다.

$$(ms^2 + bs + k)X(s) = P(s) \tag{A2.33}$$

따라서, 전달함수는 다음과 같다.

$$G(s) = \frac{X(s)}{P(s)} = \frac{1}{ms^2 + bs + k} \tag{A2.34}$$

이상과 같이 2차시스템의 전달함수는 분모가 s에 관한 2차식으로 표현된다. 일반적인 2차시스템 분석을 위해 다음과 같은 표준형의 2차시스템 전달함수를 정의하도록 한다.

$$G(s) = \frac{Y(s)}{U(s)} = \frac{\omega_n^2}{s^2 + 2\zeta\omega_n s + \omega_n^2} \tag{A2.35}$$

여기서 ζ는 감쇠비를, ω_n은 고유진동수를 나타내며, 이 두가지 특성치가 2차시스템의 특성을 나타내게 된다.

2차시스템의 단위계단 응답을 편의상 감쇠비에 따라 나누어서 생각한다.

i) $0 \le \zeta \le 1$ (저감쇠)

이때 극점은 아래의 특성방정식으로부터 얻는다.

$$s^2 + 2\zeta\omega_n s + \omega_n^2 = 0 \tag{A2.36}$$

저감쇠일 경우 극점은 다음과 같다.

$$s = -\zeta\omega_n \pm j\omega_n\sqrt{1-\zeta^2} = -\zeta\omega_n \pm j\omega_d \tag{A2.37}$$

입력이 단위계단함수이므로

$$U(s) = \frac{1}{s} \tag{A2.38}$$

따라서 단위계단 응답을 라플라스 영역에서 계산하면 다음과 같다.

$$\begin{aligned} Y(s) = G(s)U(s) &= \frac{\omega_n^2}{s^2 + 2\zeta\omega_n s + \omega_n^2}\frac{1}{s} \\ &= \frac{1}{s} - \frac{s + 2\zeta\omega_n}{s^2 + 2\zeta\omega_n s + \omega_n^2} \\ &= \frac{1}{s} - \frac{s + \zeta\omega_n}{s^2 + 2\zeta\omega_n s + \omega_n^2} - \frac{\zeta\omega_n}{s^2 + 2\zeta\omega_n s + \omega_n^2} \end{aligned} \tag{A2.39}$$

식(A2.39)를 라플라스 역변환하여 단위계단 응답을 다음과 같이 얻을 수 있다.

$$\begin{aligned} y(t) &= L^{-1}\{Y(s)\} \\ &= 1 - e^{-\zeta\omega_n t}\cos\omega_d t - \frac{\zeta\omega_n}{\omega_d}e^{-\zeta\omega_n t}\sin\omega_d t \end{aligned} \tag{A2.40}$$

또는

$$\begin{aligned} y(t) &= 1 - e^{-\zeta\omega_n t}\left\{\cos\omega_d t + \frac{\zeta}{\sqrt{1-\zeta^2}}\sin\omega_d t\right\} \\ &= 1 - \frac{1}{\sqrt{1-\zeta^2}}e^{-\zeta\omega_n t}\sin(\omega_d t + \phi) \end{aligned} \tag{A2.41}$$

여기서

$$\phi = \tan^{-1}\frac{\sqrt{1-\zeta^2}}{\zeta}$$

이상과 같이 구해진 단위계단 응답을 그림 A2.15에 나타내었다. 저감쇠 시스템에서는 Oscillation 특성이 나타나게 된다. 시스템의 응답특성을 표현하기 위해 몇가지 시정수를 정의하기도 한다.

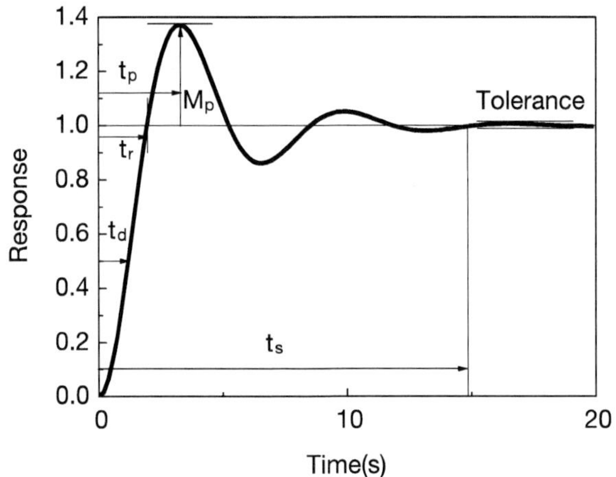

그림 A2.15 저감쇠 시스템의 단위계단 응답 및 주요시정수

이기서 t_d는 지연시간(delay time)으로서 입력크기의 50% 값까지 도달하는 데 걸리는 시간을, t_r은 상승시간(rising time)으로서 입력크기의 100%까지 최초로 도달하는 데 걸리는 시간을, t_p는 피크시간(또는 오버슈트 시간, peak time)으로서 응답이 최대값에 이르는 데 걸리는 시간을 의미한다. 이때 응답이 입력크기인 1을 넘어서는 양 M_p를 오버슈트(overshoot)라 한다. 응답이 안정된 값으로 수렴하는 데 걸리는 시간을 정착시간(settling time) t_s로 정의하는데, 통상 2%나 5% 오차범위에 수렴하는 데 걸리는 시간을 의미한다.

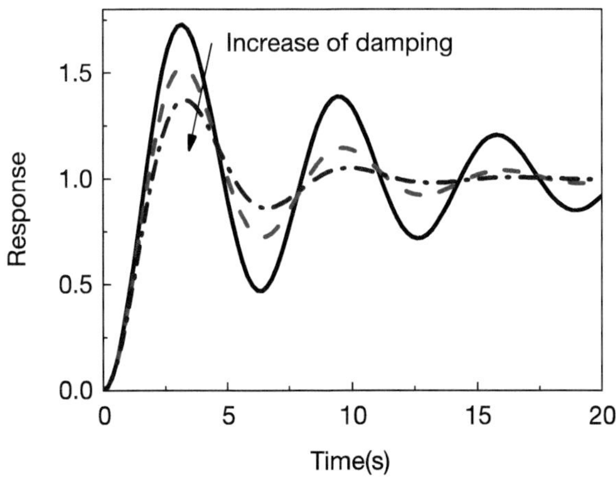

그림 A2.16 2차시스템의 감쇠비 변화에 따른 응답의 변화

한편, 그림 A2.16은 감쇠비가 변화될 때의 응답변화를 보여주고 있다. 감쇠비가 커질수록 오버슈트가 작아지며 응답이 빨리 안정화됨을 볼 수 있다. 그러나 지연시간이나 상승시간은 커짐을 볼 수 있다.

ii) $\zeta = 1$ (임계감쇠)

이때 극점을 구해보면 다음과 같다.

$$s^2 + 2\zeta\omega_n s + \omega_n^2 = (s + \omega_n)^2 = 0 \tag{A2.42}$$

따라서 극점은

$$s = -\omega_n, \text{ 중근} \tag{A2.43}$$

이 경우 라플라스 영역에서의 응답식은 다음과 같다.

$$\begin{aligned} \times Y(s) = G(s)U(s) &= \frac{\omega_n^2}{(s+\omega_n)^2}\frac{1}{s} \\ &= \frac{1}{s} - \frac{1}{s+\omega_n} - \frac{\omega_n}{(s+\omega_n)^2} \end{aligned} \tag{A2.44}$$

따라서 시간영역 응답은

$$y(t) = 1 - e^{-\omega_n t}(1 + \omega_n t) \tag{A2.45}$$

iii) $\zeta > 1$ (과감쇠)

극점을 구해보면 다음과 같이 두 개의 실근을 얻을 수 있다.

$$s = -\zeta\omega_n \pm \omega_n\sqrt{\zeta^2 - 1} \tag{A2.46}$$

이는 두 개의 1차 시스템으로 분리해서 생각할 수 있음을 의미한다.

라플라스 영역에서 응답을 구하면 다음과 같다.

$$Y(s) = \frac{\omega_n^2}{(s-s_1)(s-s_2)s} \tag{A2.47}$$

따라서 시간영역 응답은 다음과 같이 얻어진다.

$$y(t) = 1 + \frac{\omega_n}{2\sqrt{1-\zeta^2}}\left(\frac{e^{-s_1 t}}{s_1} - \frac{e^{-s_2 t}}{s_2}\right) \tag{A2.48}$$

A2.6 충격응답(임펄스 응답)

대상시스템에 충격입력을 주었을 때의 응답을 충격응답 또는 임펄스 응답이라 한다. 먼저 1차시스템에 단위 충격응답을 고려해 보자. 단위 충격입력이므로 입력을 라플라스 변환하면 1이 된다. 즉,

$$U(s) = 1 \tag{A2.49}$$

따라서 라플라스 영역에서의 응답은

$$Y(s) = G(s)U(s) = \frac{1}{Ts+1} \tag{A2.50}$$

식(A2.53)을 라플라스 역변환하여 다음의 응답을 얻는다.

$$y(t) = L^{-1}\{Y(s)\} = \frac{1}{T}e^{-t/T}, \quad t \geq 0 \tag{A2.51}$$

그림 A2.17은 단위 충격응답을 예시하고 있다.

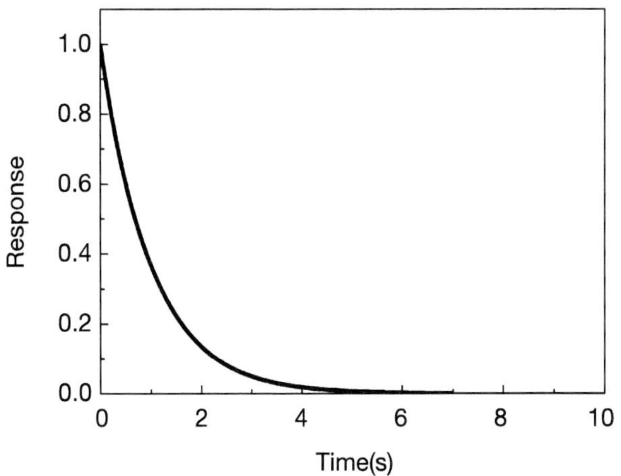

그림 A2.17 1차시스템의 단위 충격응답: 시정수=1

초기에 일정수준의 값이 있게 되면 시간의 흐름에 따라 지수적으로 감소하게 된다. 이와 같은 응답은 초기치의 존재에 의한 응답과 유사성을 갖게된다.

저감쇠 2차시스템의 단위 충격응답을 살펴보기 위해 라플라스 영역에서 계산하면 다음과 같다.

$$\begin{aligned} Y(s) = G(s)U(s) &= \frac{\omega_n^2}{s^2 + 2\zeta\omega_n s + \omega_n^2} \\ &= \frac{\omega_n\sqrt{1-\zeta^2}}{(s+\omega_n)^2 + \omega_d^2}\frac{\omega_n}{\sqrt{1-\zeta^2}} \end{aligned} \qquad \text{(A2.52)}$$

식(A2.55)를 라플라스 역변환하면 시간응답을 얻을 수 있다.

$$y(t) = \frac{\omega_n}{\sqrt{1-\zeta^2}} e^{-\zeta\omega_n t} \sin\omega_d t \qquad \text{(A2.53)}$$

식(A2.56)에 의해 얻어진 시간응답을 그림 A2.18에서 예시하고 있다. 초기속도에 의한 Oscillation과 유사한 양상을 보이고 있다.

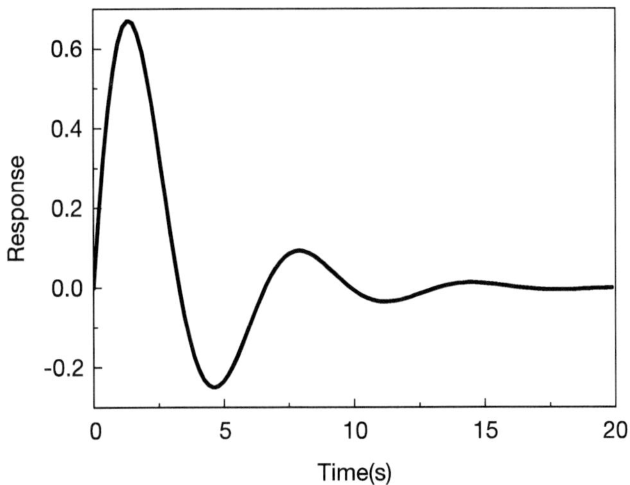

그림 A2.18 2차시스템의 단위 충격응답: 고유진동수=1, 감쇠비=0.3

한편, 많은 시스템이 1차나 2차가 아닌 고차시스템으로 모델링되므로 실제적인 시스템의 응답을 알기 위해서는 고차시스템의 응답을 구할 수 있어야 한다. 그러나 모든 고차시스템은 선형시불변 시스템이라고 가정한다면 1차나 2차시스템의 조합으로 재구성할 수 있으므로 결국 1,2차 시스템의 응답으로 귀결된다. 예를 들어 n차 시스템의 전달함수는 다음과 같이 표현된다.

$$G(s) = \frac{Y(s)}{U(s)} = \frac{b_0 s^m + b_1 s^{m-1} \ldots + b_{m-1}s + b_m}{a_0 s^n + a_1 s^{n-1} + \ldots a_{n-1}s + a_n} = \frac{K(s+z_1)(s+z_2)\ldots(s+z_{m-1})(s+z_m)}{(s+p_1)(s+p_2)\ldots(s+p_{n-1})(s+p_n)} \qquad (A2.54)$$

단위계단응답을 구하기 위해 라플라스 영역에서의 응답을 구하면

$$Y(s) = G(s)U(s) = \frac{K(s+z_1)(s+z_2)\ldots(s+z_{m-1})(s+z_m)}{(s+p_1)(s+p_2)\ldots(s+p_{n-1})(s+p_n)}\frac{1}{s} = \frac{d}{s} + \sum_{i=1}^{n}\frac{d_i}{s+p_i} \qquad (A2.55)$$

따라서 시간응답은 다음과 같이 얻을 수 있다.

$$y(t) = d + \sum_{i=1}^{n} d_i e^{-p_i t} \tag{A2.56}$$

그림 A2.19는 고차시스템에 대한 단위계단 응답을 예시한 것이다. 여기서 전달함수는 다음과 같이 가정하였다.

$$G(s) = \frac{1}{s^2 + 0.6s + 1} \frac{4}{s^2 + 0.6s + 4} \tag{A2.57}$$

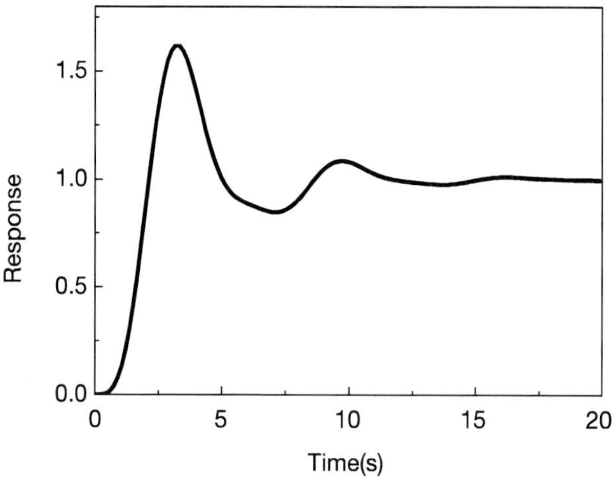

그림 A2.19 고차시스템의 단위계단 응답 예시

여기서 만일, $-p_i = \sigma_i + j\omega_i$라 두면

$$e^{-p_i t} = e^{\sigma_i t} e^{j\omega_i t} \tag{A2.58}$$

이므로 임의의 $\sigma_i > 0$이면 응답이 발산하게 된다. 이것은 만일 극점 중 어느 하나라도 실수값이 0보다 크면 발산함을 의미한다. 이와 같은 시스템을 불안정(unstable) 시스템이라 한다.

참고문헌

참고문헌 (1~4장)

Singer, N. C., "Residual Vibration Reduction in Computer Controlled Machines," MIT Artificial Intelligence Lab. Technical Report Number AITR-1030, MIT Artificial Intelligence Lab, 1989.

Singhose, W. E. and Seering, W., "Command Generation for Dynamic Systems," Lulu.com, 2007.

Smith, O.J.M, Feedback Control Systems, New York: McGraw-Hill Co., Inc., 1958.

참고문헌 (5~8장)

Hong, S. W., and Park, S. W., and Singhose, W. E., "Input Shaping for Vibration Reduction in Precise Positioning System," J. of the KSPE, Vol. 25, No. 4, pp. 26-31, 2008.

Jang, J. W., Park, S. W., and Hong, S. W., "Command Generation Method for High-Speed and Precise Positioning of Positioning Stage," J. of the KSPE, Vol. 25, No. 10, pp. 122-129, 2008.

Kim, D., and Singhose, W. E., "Reduction of Double-Pendulum Bridge CraneOscillations," The 8th Int. Conf. on MOVIC, Daejeon, Korea, pp. 300-305, 2006.

Park, U. W., Lee, J. W., and Noh, S. H., "Reduction of Residual Vibration for 2 Axes Overhead Crane by Input Shaping," J. of the KSPE, Vol. 17, No. 4, pp. 181-188, 2000.

Rappole, B. W., Singer, N. C., and Seering, W. P., "Multiple-Mode Impulse Shaping Sequences for Reducing Residual Vibrations," The 23rd Biennial Mechanisms Conference, Minneapolis, USA, DE-71, pp. 11-16, 1994.

Singhose, W. E., Crain, E. A., and Seering, W.P., "Convolved and Simultaneous Two-Mode Input Shapers," IEEE Control Theory and Applications, Vol. 144, pp. 515 - 520, 1997.

Singhose, W. E. and Seering, W. L., Command Generation for Dynamic Systems, Lulu.com, 2007.

Singhose, W. E., Seering, W. P., and Singer, N. C., "Input Shaping for Vibration Reduction with Specified Insensitivity to Modeling Errors," Japan-USA Symposium on Flexible

Automation, Boston, USA, 1996.
Smith, O. J. M., Feedback Control Systems, New York: McGraw-Hill Book Co., Inc., 1958.

참고문헌 (9장)

Andresen, U. and Singhose, W., "A Simple Procedure for Modifying High-Speed Cam Profiles for Vibration Reduction," ASME J. of Mechanical Design, vol. 126, pp. 1105-1108, 2004.

Hong, S. W., Park, S. W. and Danielson, J., "A New Method for Manufacturing Machine Vibration Reduction Using Multi-mode Input Shapers," Proc. of the 2008 International Symposium on Flexible Automation, Atlanta, GA, USA, 2008.

Jang, J. W., Park, S. W. and Hong, S. W., "Command Generation Method for High-speed and Precise Positioning of Positioning Stages," J. of the KSPE, Vol.25, No.10, pp. 122~129, 2008.

Park, S. W., Hong, S. W., Choi, H. S. and Jang, J. W., "Dynamic Modeling and Input Shaping Control of a Positioning Stage," Trans. KSMTE, Vol.17, No.2, pp. 83-89, 2008.

Park, S. W., Hong, S. W., Choi, H. S. and Singhose, W. E., "Discretization Effect of Real-time Input Shaping in Residual Vibration Reduction for Precise XY Stage," Trans. KSMTE, Vol.16, No.4, pp. 71~78, 2007.

Singer, N. C. and Seering, W. P., "Preshaping Command Inputs to Reduce System Vibration," ASME, J. of Dynamic Systems, Measurement and Control, Vol. 112, pp. 76~82, 1990.

Singhose, W., Porter, L., Kenison, M. and Kriikku, E., "Effects of Hoisting on the Input Shaping Control of Gantry Cranes," Control Engineering Practice, vol. 8, pp. 1159-1164, 2000.

Singhose, W. E. and Seering, W. P., Command Generation for Dynamic Systems, Lulu.com, 2007.

Sorensen, K., A., Huey, J., Singhose, W., Lawrence, J. and Frakes, D., "Human Operator Performance Testing Using an Input-Shaped Bridge Crane," ASME J. of Dynamic Systems, Measurement, and Control, vol. 128, pp. 835-841, 2006.

Sorensen, K., Singhose, W. and Dickerson, S., "A Controller Enabling Precise Positioning and Sway Reduction in Bridge and Gantry Cranes," Control Engineering Practice, Vol.15, pp. 825-837, 2007.

참고문헌 (10장,13장)

Hong, S. W., Park, S. W. and Danielson, J., "A New Method for Manufacturing Machine Vibration Reduction Using Multi-mode Input Shapers," Proc. of the 2008 International Symposium on Flexible Automation, Georgia Institute of Technology, Atlanta, GA, USA, 2008.

Hong, S.W., Seo, Y.K., Singhose, W.E., "A New Command Shaper Design for Residual Vibration Reduction in Flexible Systems using Artificial Mode Constraints," Int. J. of Eng. and Tech., Vol.5, No.2, 210-213, 2013.

Hong, S.W. and Bae, G.H., "A Method of Effective Vibration Reduction for Positioning Systems Undergoing Frequent Short-distance Movement," J. of KSMTE, Vol.22, No.3, 2013.

Jang, J. W., Park, S. W., and Hong, S. W., "Command Generation Method for High-speed and Precise Positioning of XY Stage," J. of the KSPE, Vol. 25, No. 10, pp. 122~129, 2008.

Jones, S and Ulsoy, A. G., "An Approach to Control Input Shaping with Application to Coordinate Measuring Machines," ASME, J. of Dynamic Systems, Measurement and Control, Vol. 121, pp. 242~247, 1999.

Kim, H. K., Kwon, O. Y., Bae, G. H., and Hong, S. W., "Application of Input Shaping Method for Positioning Stage in Consideration of Base Structure Vibration," Proceedings of 2008 KSMTE Fall Conference, Korea Polytechnic Univ., Ansan, 2008.

Park, S. W., Hong, S. W., Choi, H. S. and Jang, J. W., "Dynamic Modeling and Input Shaping Control of a Positioning Stage," J. of KSMTE, Vol. 17, No. 2, pp. 83-89, 2008.

Seo, Y. G., Bae, G. H. and Hong, S. W., "A Study on Residual Vibration Reduction for LCD Manufacturing Machine," Proceedings of 2010 KSMTE Spring Conference, KINTEX, Goyang, 2010.

Seo, Y. G., Jang, J.W. and Hong, S. W., "Residual Vibration Reduction of Precise Positioning Stage Using Virtual-Mode Based Input Shapers," J. of KSMTE, Vol. 18, No. 3, pp. 255~260, 2009.

Singhose, W. and Seering, W, Command Generation for Dynamic System, Lulu.com, 2007.

참고문헌(14장)

Chen, B.-F. and Nokes, R., "Time-independent Finite Difference Analysis of Fully Non-linear and Viscous Fluid Sloshing in a Rectangular Tank," J. Comput. Phys., Vol. 209, No. 1, pp. 47-81, 2005.

Cho, J. R. and Lee, H. W., "Numerical Study on Liquid Sloshing in Baffled Tank by Nonlinear Finite Element Method," Comput. Methods Appl. Mech. Engrg., Vol. 193, No. 23-26, pp. 2581-2598, 2004.

Faltinsen, O. M. and Timokha, A. N., Sloshing, Cambridge University Press, 2009.

Frandsen, J. B. and Borthwick, A. G. L, "Simulation of Sloshing Motions in Fixed and Vertically Excited Containers Using a 2-D Inviscid σ-Tranformed Finite Difference Solver," J. Fluids Struct., Vol. 18, No. 2, pp. 197-214, 2004.

Hubinskỳ, P. and Pospiech, T., "Slosh-Free Positioning of Containers with Liquids and Flexible Conveyor Belt," J. Elec. Eng., Vol. 61, No. 2, pp. 65-74, 2010.

Ibrahim, R. A., Liquid Sloshing Dynamics: Theory and Applications, Cambridge University Press, 2005.

Kwack, Y. and Ko, S., "Computational Fluid Dynamics Study on Two-Dimensional Sloshing in Rectangular Tank," Trans. KSME (B), Vol. 27, No. 8, pp. 1143-1149, 2003

Lee, S. H. and Hur, N., "A Numerical Study on Flows in a Fuel Tank with Baffles and Porous Media to Reduce Sloshing Noise," J. Kor. Soc. Comput. Fluids Eng., Vol. 14, No. 2, pp. 68-76, 2009.

Mitra, S. and Sinhamahapatra, K. P., "Slosh Dynamics of Liquid Filled Containers with Submerged Components Using Pressure-Based Finite Element Method," J. of Sound and Vibration., Vol. 304, No. 1-2, pp. 361-381, 2007.

Rebouillat, S. and Liksonov, D., "Fluid-Structure Interaction in Partially Filled Liquid Containers: A Comparative Review of Numerical Approaches," Computer & Fluids, Vol. 39, No. 5, pp. 739-746, 2010.

Sira-Ramírez, S. and Fliess, M., "A Flatness Based Generalized PI Control Approach to Liquid Sloshing Regulation in a Moving Container," Proc. of the American Control Conference, Vol. 4, pp. 2909-2914, 2002.

Terashima, K. and Yano, K., "Slosh Analysis and Suppression Control of Tilting-Type Automatic Pouring Machine," Control Eng. Pract., Vol. 9, No. 6, pp. 607-620, 2001.

참고문헌(15장)

Bae, G.H., Park, A.Y., and Hong, S.W., "Vibration Reduction for Positioning Stage Base Subjected to Moving Stage using Command Shaping," Proc. of the 2012 International Conference on Control, Automation and System, Jeju ICC, Korea, 2012.

Bae, G. H., Song, E. H., Kang, J. O., and Hong, S. W., "Vibration Reduction for Displacement Amplification Mechanism Based Micro-stage by Using Input Shaping Method," Proc.

of KSMTE Spring Conference, 2009.

Chang, J. R., Lin, W. J., Huang, C. J. and Choi, S. T., "Vibration and Stability of Axially Moving Rayleigh Beam," Applied Mathematical Modelling Vol. 34, No. 6, pp. 1482-1497, 2010.

Choi, S. B., Han, S. S., Han, Y. M., and Tompson, B. S., "A Magnification Device for Precision Mechanisms Featuring Piezoactuators and Flexure Hinges: Design and Experimental Validation," J. of Mechanism and Machine Theory, Vol. 43, No. 9, pp. 1184~1198, 2007.

Fung, R. F., and Lin, W. C., "System Identification of a Novel 6-DOF Precision Positioning Table," J. of Sensors and Actuator A: Physical, Vol. 150, No. 2, pp. 286~295, 2009.

Hong, S. W., Park, S. W., and Singhose, W., "Input Shaping for Vibration Reduction in Precise Positioning System," J. of the KSPE, Vol. 25, No. 4, pp. 26-31, 2008.

Hong, S.W. and Singhose, W., "Command Shaper Design for Transverse Vibration Suppression of Axially-extending Beams under Gravity," Proceedings of the 19th International Congress on Sound and Vibration, Vilnius, Lithuania, 2012.

Imanishi, E., and Sugano, N., "Vibration Control of Cantilever Beams Moving along the Axial Direction," JSME International J., Vol. 34, No.2, pp. 527-532, 2003.

Jang, J. W., Park, S. W., and Hong, S. W., "Command Generation Method for High-speed and Precise Positioning of XY Stage," J. of KSPE, Vol. 25, No. 10, pp. 122~129, 2008.

Jones, S and Ulsoy, A. G., "An Approach to Control Input Shaping with Application to Coordinate Measuring Machines," J. of Dynamic Systems, Measurement and Control, Vol. 121, pp. 242~247, 1999.

Kim, B.G., Bae, G.H., and Hong, S.W., Development of Miniature Tower Crane and Payload Tracking System using Web-camera for Education, Proceedings of the IASTED on Robotics and Applications 2010, Cambridge, USA, 2010.

Kim, H. J., Kim, S. H., Kwak, Y. K, "Optimization of a Piezoelectric Actuator using Bridge-Type Hinge Mechanism," J. of the KSPE, Vol. 20, No. 2, pp. 168~175, 2003.

Kim, D., Hong, S.W., and Kim, K., "Control Performance of Input Shaping to Reduce Liquid Sloshing in a Horizontally Accelerating Container," Bulletin of the American Physical Society, Baltimore, USA, 2011.

Lee, U., Kim, J. and Oh, H., "Spectral Analysis for the Transverse Vibration of an Axially Moving Timoshenko Beam," J. of Sound and Vibration, Vol. 271, pp. 685-703, 2004.

Lim, J. G., Yoon, W.S., Beom, H.R., and Hong, S.W., "A Study on Suppression of Lateral Vibration for Axially Deploying Beams under Gravity," J. of the KSPE, Vol. 28, No.8, pp. 959-965, 2011.

Mote, C. D. Jr., "Dynamic Stability of Axially Moving Materials," Shock and Vibration

Digest, Vol. 4, pp. 2-11, 1972.

Oh, H. S., Lee, S. J., Choi, S. C., Park, J. W, and Lee, D. W., "Behavior Characteristics of Nano-Stage According to Hinge Structure," Trans. KSMTE, Vol. 16, No. 3, pp. 23~30, 2007.

Park, S. W., Hong, S. W., Choi, H. S. and Jang, J. W., "Dynamic Modeling and Input Shaping Control of a Positioning Stage," Trans. KSMTE, Vol. 17, No. 2, pp. 83-89, 2008.

Park, J. S., and Jeong, K. W. "A Study on the Design and Control of a Ultra-precision Stage," Trans. KSME(A), Vol. 15, No. 3, pp. 111~119, 2006.

Sain, P. M., Sain, M. K., and Spencer, B. F., "Models for Hysteresis and Application to Structural Control," Proceeding of American Control Conference, Vol. 1, pp. 16-20, 1997.

Seo, Y. G., Jang, J. W. and Hong, S. W., "Residual Vibration Reduction of Precise Positioning Stage Using Virtual-Mode Based Input Shapers" J. of KSMTE, Vol. 18, No. 3, 255~260, 2009.

Singhose, W. and Seering, W., "Command Generation for Dynamic System," Lulu.com, 2007.

Singhose, W., Vaughan, J., Peng, K.C., Pridgen, B., Glauser, U., Marguez, J., and Hong, S.W., "Use of Cranes in Education and International Collaboration," J. of Robotics and Mechatronics, Vol. 23, No.5, 881-892, 2011.

Sreeram, R. T., Sivaneri. N. T., "FE-Analysis of Moving Beam Using Lagrangian Multiplier Method," Int. J. Solids Structures, Vol. 35, No. 28-29 pp. 3675-3694, 1998.

Stylianou, M., Tabarrok, B., "Finite Element Analysis of an Axially Moving Beam, Part 1ntegration," J. of Sound and Vibration, Vol.178, No.4, pp. 433-453, 1994.

Sugiyama, H. and Kobayashi, N., "Analysis of Spaghetti Problem Using Multibody Dynamics," Trans. JSME(C), Vol. 65, No. 631, pp. 910-915, 1999.

Tabarrok, B., Leech, C. M., Kim, Y. I., "On the Dynamics of an Axially Moving Beam," J. of the Flanklin Institute, Vol. 293, No. 3, pp. 201-220, 1974.

Tian., Y., Shirinzadeh, B., Zhang, D., "A Flexure-based Mechanism and Control Methodology for Ultra-precision Turning Operation," J. of Precision Engineering, Vol. 33, No. 3, 2009.

Tseng, Y. T. and Liu, J. H., "High-speed and Precise Positioning and XY Table," Control Engineering Practice, Vol. 11, No. 4, pp. 357~365, 2003.

Yoon, W.S., Bae, G.H., Beom, H.R., and Hong, S.W., "Finite Element Modelling of 2-stage Axially Deploying Beam Vibration under Gravity," J. of KSMTE, Vol.21, No.2, pp.202-207, 2012.

찾아보기

ㄱ

가상감쇠고유진동수 100
가상고유진동수 100
가상모드 입력성형기 95, 106
가상모드(Virtual mode) 89
가상주파수 91
가속도(acceleration) 입력 245
감쇠고유진동수(Damped natural frequency) 52, 100
감쇠비(Damping ratio) 26
감쇠행렬 197
강건성(Robustness) 67, 85
강성계수(Rigidity) 214
강성행렬 196
강체모드 진동 195
경계요소법 (Boundary element method) 23
계단응답 133
계단입력(Step input) 39, 243
계단함수 243
계면 해석 179
고유벡터(Eigenvector) 30
고유진동수 100
고유진동주기 (Natural vibration period) 52
고유치(Eigenvalue) 30
공액 복소수(Conjugate) 8
공진 현상 175
과감쇠 252
과도 응답(Transient response) 240
구속조건(Constraint) 23
그린함수(Green function) 243
극점(pole) 33

ㄴ

뉴튼의 2법칙 24

ㄷ

다모드 입력성형기 91
단위계단 응답 245, 246
단위계단함수 115
단위계단형 입력(Unit step input) 32
단위램프함수 115
단위순허수(Unit imaginary number) 8
단일 모드 시스템 61, 91
단일 입·출력 선형 시불변 동적 시스템 (Single input/single output linear, time-invariant dynamic system) 237
달람베르(D'alembert)의 원리 24

대수감소분(Logarithmic decrement) 62
도함수 12
동시적인 성형기(Simultaneous shaper) 71
되먹임제어 루프 239
되먹임제어(Feedback control) 49
등가 181
등가 기계 모델 178
등가감쇠계수 215
디지털 시퀀스 데이터 142

ㄹ

라그랑쥐 방정식(Lagrange's equation) 25
라플라스 계산자(operator) 9
라플라스 변수 9
라플라스 변환 9
라플라스 역변환(Inverse Laplace Transform) 15
램프(Ramp) 입력 45, 244
램프응답 134
레버메커니즘 207
레이저 스캔 마이크로미터 (Laser scan micrometer) 78, 106
레일레이의 감쇠함수 (Rayleigh dissipation function) 25

ㅁ

모달 질량(Modal mass) 213
무차원 가상감쇠주파수 104
무차원 가상주파수 94
무차원 지속시간 94, 104
민감도곡선 98

ㅂ

배플(Baffle) 182
변분법(Variational principle) 25
변위증폭구조 208
보 운동방정식 215
보의 강성(Stiffness) 213
복소 비선형 방정식 60
복소 비선형행렬방정식 60
복소변수 9
복소수 7
복소페이저(Complex phasor) 29
복소함수 7
복수의 돌출부 성형기(Multi-hump input shaper) 86
부정해조건(Indefinite condition) 92
불안정(unstable) 시스템 256
블록(Block) 182
블록선도(Block Diagram) 238
비감쇠 진동계 91
비감쇠계 41
비보존력(Non-conservative force) 25
비점성 비압축성 유동 185
비정상 비압축성 유동 179
비정상(unsteady) 유체 유동 184

ㅅ

사다리꼴 속도프로파일 115
삼각형 속도프로파일 118
상대이동모드 158
상승시간(Rise time) 89
상태방정식(State equation) 30
서보계(Servo motors) 78
선형 미분방정식 17
선형 시불변 미분방정식 17
선형성 11
수송 방정식 179
순간고유진동수(Instantaneous natural frequency) 214
슬로싱(Sloshing) 175
시간응답 38, 137
시변시스템(Time- varying system) 215
시불변시스템(Time-invariant system) 216
시스템 응답 97, 240
시정수(Time constant) 246
실변수(Real variable) 7

ㅇ

압전소자 구동기 (Piezoelectric actuator) 207
앞먹임제어(Feedforward control) 49
연속체(Continuous system) 23
오버슈트(overshoot) 97, 251
오일러정리(Euler theorem) 8
외팔보 구조 214
운동방정식(Equation of motion) 24
위치결정 169
유연성(Flexibility) 167
유한요소법(Finite element method) 23
이상유동 184
이송반력 198
임계감쇠 252
임계감쇠계수 (Critical damping coefficient) 26
임펄스 응답 253
입력성형기(Input shaper) 43
입력성형기법 49

ㅈ

자유도(degree-of-freedom) 23
자유표면 184
잔류진동 97
저감쇠 249
전개(Deploying) 212, 213
전달함수(Transfer Function) 237
전산유체역학(Computational fluid dynamics, CFD) 178
절대이동모드 158
정상상태 응답(Steady state response) 241
정적 처짐 215
정착시간(settling time) 251
제차상태방정식 30
조화함수(Harmonic function) 27
주기함수(Periodic function) 27
중력 213

지속시간 76
진동발생률(Vibration percentage) 55
진자(Pendulum) 178
질량-스프링-대시포트
(Mass-spring- dashpot) 178

ㅊ

초기값 정리 15
초정밀 스테이지 207
최종값 정리 14
충격응답 253
충격응답함수 243
충격함수 242

ㅋ

컨볼루션 적분 19
컨볼루션 적분식 43
컴팩리오(CompactRIO) 217

ㅌ

탄성힌지(Flexure hinge) 207

ㅍ

폐루프 시스템 240
폐루프 전달함수 240
포텐셜 이론식 185
포화(Saturation) 95
푸리에(Fourier) 급수전개 27

ㅎ

해밀턴의 원리(Hamilton's principle) 24
횡진동(Lateral vibration) 212
히스테리시스 207
히스테리시스 비선형 특성 210

C

Convolution Integral 19
Convolved ZV 성형기 185

E

Equivalent mechanical model 178
Euler 방정식 179

F

Fluent 184

H

Holonomic 시스템 25

L

Linear모드 152, 158

N

Navier-Stokes 방정식 179

P

PEWIN32PRO 153
PMAC 모션제어 151
PMAC 모션제어기 151
PMAC제어기 125
PVT time 160
PVT(Position-velocity-time)모드 159

R

Rigid body mode 195

S

SI 성형기(Specified insensitivity shaper) 71
Single degree-of-freedom vibration system 23

U

UM(Unity magnitude) 입력성형기 83
UMZV(Unity magnitude zero vibration) 성형기 83, 95

V

VOF(Volume of Fluid) 모델 179, 184

Z

ZV 성형기(ZV input shaper) 52
ZV 입력성형기 142
ZV(Zero vibration) 49
ZVD(Zero Vibration and Derivative) 50
ZVDD(Zero vibration and double derivative) 53
ZV성형기(Convolved ZV shaper) 71

기타

1 자유도 진동계 23
2 모드 입력성형기 91
2-모드 Convolved ZV 187
3-D 민감도 98
6 자유도 202

저자 후기

저자가 입력성형기법을 처음 접하게 된 것은 2004년 조지아공대(Georgia Institute of Technology)를 방문했을 때였다. 당시 저자는 조지아공대 기계공학과 William Singhose 교수의 초청으로 1년간 조지아공대에서 연구년을 보내고 있었다. 조지아공대 재활공학센터에서 진행되던 생체역학 과제를 수행하던 저자에게 Singhose 교수가 주력하던 입력성형기법은 매우 매력적인 연구대상이었다. 입력성형기법을 개발하고 확산시켜 왔던 Singhose 교수는 대다수 연구실 팀원들과 함께 입력성형기법 이론개발 및 응용에 관련한 다양한 연구를 수행하고 있었던 터였다. 진동 분야를 주 연구분야로 생각해왔던 저자가 생체역학에 관련된 낯선 연구분야의 일보다 입력성형기법에 더 큰 관심을 갖게 된 것은 어찌 보면 당연한 일이었다. 비록 조지아공대에서의 1년간, 입력성형기법에 관한 연구를 직접 수행할 기회는 없었으나 Singhose 교수를 비롯하여 입력성형기법 연구를 수행하고 있던 연구팀원들의 연구과정을 보거나 연구관련 토의를 했었던 것이 입력성형기법의 가치를 발견하게 된 큰 계기가 되었다.

2005년 3월, 1년간의 연구년 기간을 보내고 귀국하게 된 저자는 곧바로 입력성형기법에 대한 연구를 시작하게 되었다. 당시만 해도 입력성형기법이 확산되기 시작한 초기여서 국내에는 관련 연구를 수행하고 있는 연구팀이 많지 않았다. 새로운 분야를 개척한다는 기분으로 입력성형기법에 관련된 문헌을 읽고, 시뮬레이션과 실험을 통해 그 유용성을 발견해가는 과정을 돌이켜 보면 마치 대학원 과정에서 연구를 했던 추억을 떠올리게 한다. 입력성형기법의 실용성에 매료되었던 저자는 입력성형기법을 국내에 파급시키기로 결심하였으며 이후 입력성형기법에 관한 세미나와 강연은 그 대상과 장소를 불문하고 마다 하지 않았다. 2008년 '기전공학특론'이라는 대학원과목을 통해 최초로 대학원생들에게 입력성형기법에 대한 강의를 시작한 이후로 2년을 주기로 강의를 해왔으며, 학부과정 3학년의 '자동제어' 과

목에서는 기초적인 입력성형이론과 실습을 포함시켜 학생들이 입력성형기법을 경험하도록 하였다. 지난 수 년간의 강의를 통해 확인한 입력성형기법의 교육효과는 매우 탁월하였다. 단순 명료한 개념과 적용의 용이성 등에 힘입어 대다수 학생들이 주어진 과제를 완벽하게 수행하는 것을 보는 것은 즐거운 일이었다.

입력성형기법의 공학적 유용성을 확인한 저자는 관련기술을 적용하기 위한 하드웨어가 전혀 개발되지 않았다는 점을 의아스럽게 생각하며 입력성형기법의 상용화에도 관심을 가지게 되었다. 2006년 한 중소업체가 크레인의 잔류진동 제거를 위한 입력성형제어기에 관심을 갖게 되면서 입력성형기법의 상용화를 위한 연구가 급물살을 타게 되었다. 국내의 현황을 조사하여 공장에 기설치된 천정형 크레인에 입력성형을 적용할 수 있도록 보조제어박스를 개발하기로 결정하였다. 조지아공대 Singhose 교수팀과 공동으로 개발을 시작한 지 6개월여만에 제어박스 프로토타입을 제작하게 되었다. 당시 업체에 설치된 크레인에 개발된 제어박스를 부착하고 처음으로 모든 사람들이 모여 입력성형을 시연해보였던 일은 지금도 생생하게 기억에 남아 있다. 이렇게 개발된 크레인용 입력성형 제어박스는 전세계 최초의 입력성형기법 관련 제품이었다는 자부심과 이 제품을 주도적으로 개발하였던 졸업생이 입력성형기법에 근거한 제품기술을 기초로 창업하여 장비개발 기업을 일구어낸 것이 큰 보람으로 남아 있다. 근래 저자가 쓴 논문이나 강연회/세미나 등을 통해 입력성형기법을 접했거나 적용해봤다고 말하는 사람들을 가끔씩 만나게 되는 것을 보면 그동안 입력성형기법을 파급시키려 했던 저자의 노력이 무의미하지는 않았다는 생각을 하게 된다.

입력성형기법을 접하게 된 지도 어느덧 10년이 되었고, 부족하지만 그간의 입력성형기법을 교육하는 데 활용해온 자료를 정리하여 책으로 출판하게 되었다. 이 책은 평소, 수업이나 강습을 위해 준비해왔던 교육자료와 관련 분야 종사자들이 관심이 있을만한 연구성과들을 묶어 준비하였다.

입력성형기법에 관한 이 책을 준비하기까지 많은 분들의 도움이 있었다. 입력성형기법이라는 분야를 소개해주고 다방면으로 연구를 지원해주었던 조지아공대의 William Singhose

교수를 제일 먼저 언급하는 것은 당연한 일이다. 그가 없었다면 이 책도 만들어지지 않았을 것이다. 그와 MIT Seering 교수가 발간한 'Command generation for dynamic systems'는 이 책을 개발하는 데 큰 참고가 되었을 뿐 아니라 저자에게 교재 개발에 대한 강한 동기를 주게 되었다. 또한 Singhose 교수가 제공해 준 MATLAB용 Input Shaping Toolbox는 실습교육에 매우 유용하였으며 이 책의 부록에 포함된 MATLAB 실습자료 구성에 결정적인 도움이 되었다.

교재 개발에 있어 연구를 통해 고락을 같이 해온 대학원생들의 도움이 큰 역할을 했음은 물론이다. 연구 초기부터 개념 정립과 실험구성 등에 탁월한 재능을 보이며 연구를 궤도에 올렸던 박상원 박사를 제일 먼저 생각하게 된다. 또한 초기에 연구기초를 다져준 장준원, 최훈석씨와 우리의 색을 나타낼 수 있도록 성과를 보여준 김병규, 배규현, 임재곤, 박아영, 윤원상, 권선웅씨, 그리고 산업체에 근무하며 방법의 검증에 일조를 해준 서용규박사, 이재선, 김형기, 권오영씨의 노력에 지면을 빌려 고마움을 표한다. 특히, 학부과정 때부터 시작해 석사/박사과정을 거치며 저자의 연구실에서 진행되어온 많은 입력성형관련 연구에 관여해왔던 배규현씨가 이 책의 완성에도 가장 큰 기여를 하였으며 12장의 초안을 준비하였다. 마지막으로 액체 슬로싱의 입력성형기법 적용이라는 새로운 분야를 개척하였으며, 이 책의 14장을 맡아 귀중한 연구성과를 정리해주신 김동주 교수께도 고마움을 전한다.

가족들에 대한 부족함은 저자에게 늘 마음의 짐이다. 이런 저런 일에 교재출판까지 준비하게 되면서 그 부족함은 더 메우기 어려워졌지만 지면으로 나마 우리 가족 모두에게 고마움을 표한다.

2014년 6월

금오공과대학교 테크노관 연구실에서